FEUERWEHR
112
FEUERWEHR
Feuerwehr Bisingen
Abteilung Thanheim
2/42
BL LF 106

Verlag Podszun-Motorbücher GmbH
Elisabethstraße 23-25, D-59929 Brilon
Internet: www.podszun-verlag.de
Email: info@podszun-verlag.de

Herstellung Druckhaus Cramer, Greven

ISBN 978-3-86133-524-5

Die Umschlagbilder wurden fotografiert von Dr. Andreas Klingelhöller (oben links),
Jochen Thorns (oben rechts und Rückseite) und Manfred Gihl (unten)

Jahrbuch 2010 Feuerwehr Fahrzeuge

PODSZUN

Liebe Leserin, lieber Leser!

Dies ist die 15. Ausgabe des Jahrbuchs Feuerwehrfahrzeuge. Wir freuen uns, Ihnen wieder interessante Themen rund um Ihr Hobby anbieten zu können. Dank gilt an dieser Stelle allen Autoren und Bildgebern, die in den letzten Wochen und Monaten mit Engagement und einer Menge Zeitaufwand gearbeitet haben, damit dieses Jahrbuch rechtzeitig zur Frankfurter Buchmesse erscheinen kann. Übrigens: Abbildungen, die nicht namentlich gekennzeichnet sind, wurden jeweils von den Verfassern der Artikel zur Verfügung gestellt.

Dank gilt auch Ihnen, liebe Leserin, lieber Leser, für die Zuschriften oder Telefonate, in denen Sie Kritik und Zustimmung äußerten und Anregungen lieferten. Wir freuen uns auf den Kontakt mit Ihnen und sind gerne bereit, Ihre Wünsche zu berücksichtigen.

Aus Gründen der Lesbarkeit und der besseren Vergleichbarkeit zu historischen Angaben werden auch in diesem Jahrbuch alle Motorleistungsangaben in PS anstelle Kilowatt (kW) angegeben. Obwohl die Einheit Watt seit Jahrzehnten durch das so genannte SI-Einheitensystem als Einheit für die Arbeit und damit auch – als Kilowatt – für die Motorleistung festgeschrieben ist, lässt sich durch die PS-Angaben eine technische Entwicklung zwischen den vorgestellten Neufahrzeugen und Fahrzeugen in den historischen Artikeln besser darstellen. Zudem enthalten die Typbezeichnungen nahezu aller in Deutschland angebotenen Liefer- und Lastkraftwagen einen Hinweis auf die Motorleistung in PS (1 PS entspricht 0,74 kW).

Wir wünschen Ihnen viel Vergnügen mit dem Jahrbuch und nicht vergessen: das nächste Jahrbuch Feuerwehrfahrzeuge, die Ausgabe 2011, ist ab Oktober 2010 erhältlich.

Ihr Redaktionsteam „Jahrbuch Feuerwehrfahrzeuge“

zu Bild Seite 1:
LF 10/6 der FF Bisingen, Abteilung Thanheim (Baden-Württemberg). Das Fahrzeug wurde 2009 von Adik auf einem Renault Midlum 190 dxi aufgebaut. Löschwasserbehälter: 1200 Liter, FPN 10-1000 (Hale). Ein Zumischer Z2 ist fest im Geräteraum G6 eingebaut. Die Gemeinde liegt am Fuß der Burg Hohenzollern *(tho)*

zu Bild Seite 144:
Vor dem Schloss Ahrensburg (Schleswig-Holstein) wird das 2009 gebaute LF 20/16 der FF Ahrensburg präsentiert (MB Atego 1529 AF mit einem Radstand von 3860 mm, Aufbau: Schlingmann, Baujahr: 2009, FPN 10-2000, Löschwasserbehälter: 2400 Liter, Schiebleiterentnahmehilfe, zwei Einpersonen-Haspeln) *(kli)*

P.S.

Sie können das Jahrbuch in Buchhandlungen oder direkt beim Verlag abonnieren.
Von den Ausgaben 1999, 2000, 2001, 2004, 2006, 2007, 2008 und 2009 sind noch einige Restexemplare lieferbar. Fordern Sie kostenlos und völlig unverbindlich unser Gesamtverzeichnis an mit Büchern über Schwertransporte, Baumaschinen, Lastwagen, Autos, Motorräder, Traktoren, Lokomotiven und Feuerwehrfahrzeuge:

Verlag Podszun-Motorbücher GmbH
Elisabethstraße 23-25, D-59929 Brilon, Telefon 02961/53213, Fax 02961/2508
Email: info@podszun-verlag.de, Internet: www.podszun-verlag.de

Jahresrückblick

2008

August

■ Gimaex gründet eine Niederlassung in den USA: Gimaex of America LLC in Jupiter/Florida. Vorgestellt wird eine Drehleiter auf Spartan-Chassis.

■ Am 1. August übernahm das Elektrotechnik- und Masschinenbau-Familienunternehmen Kirchgässner (Binau) das Werk der Amdac-Bachert in Binau und gründete die Kirchgässner Komponenten GmbH. Das Unternehmen bietet die Instandsetzung von Feuerwehrfahrzeugen an.

September

■ MAN präsentiert während der IAA Nutzfahrzeuge in Hannover die neue Optik der Baureihen TGL und TGM, die sich an die TGS-Baureihe anlehnt. Ebenfalls als Weltneuheit stellt die Firma ein MAN TGL 8.220 mit TSF-W-Aufbau von Ziegler vor, das nicht nur die Euro-5-, sondern auch die strengeren EEV-Abgaswerte einhält. Gleichzeitig stellt die Firma ein HLF 20/16 auf MAN TGM 15.280 mit Gruppenkabine von MAN Wittlich und Aufbau der niederländischen Firma HDS Brandweertechniek (Hoogeveen) vor. Rosenbauer stellte ein TSF-W auf VW Crafter 50 mit einer zulässigen Gesamtmasse von 5300 kg vor.

■ Rheinland-Pfalz führt die Technische Richtlinie 5 für das Mehrzwecktransportfahrzeug mit Ladehilfe (RP) mit der Bezeichnung MZF 1, 2 oder 3 sowie die Richtlinie 8 für einen Gerätewagen Atemschutz mit einem zulässigen Gesamtgewicht von 7 490 kg ein.

■ Rosenbauer kündigt eine besonders lange Version des Flughafenlöschfahrzeugs Panther 8x8 mit der Bezeichnung „Panther 8x8 CA07“ an, das über eine zulässige Gesamtmasse von 52 Tonnen und Caterpillar-Motoren verfügen soll. Das Fahrgestell soll bei der Firma Paul in Passau montiert werden.

Oktober

■ Die FF Eschborn (Hessen) stellt ein Umweltschutzfahrzeug zur Ölspurbeseitigung auf Basis des Mitsubishi Fuso Canter in Dienst.

November

■ Die aktualisierte Norm DIN EN 1846-3 „Feuerwehrfahrzeuge – Teil 3: Fest eingebaute Ausrüstung – Sicherheits- und Leistungsanforderungen“ wird veröffentlicht.

■ Rheinland-Pfalz konzipiert einen landeseinheitlichen RTW, der künftig auf freiwilliger Basis von den Hilfsorganisationen beschafft werden wird. Damit soll der Austausch der Fahrzeuge bei Großschadenlagen vereinfacht werden.

Dezember

■ Rosenbauer stellt eine neue Teleskopmastbühnen-Baureihe vor: die P-Baureihe. Sie basiert auf Produkten des italienischen Herstellers Socage und wird von Metz endmontiert. Die P-Baureihe soll die B-Baureihe ergänzen, die auf Wumag-Produkten basiert und preislich höherwertig ist. Das erste Fahrzeug der P-Baureihe ging nach Dubai.

■ Oshkosh-BAI bezog die Büroräume des neuen Werkes in Limburg. Die Produktion soll ab Januar 2009 aufgebaut werden.

■ Die DIN 14430 „Druckzumischanlagen und Druckluftschaumanlagen“ wird veröffentlicht.

2009

Januar

■ Die DIN 14610 „Akustische Warneinrichtungen für bevorrechtigte Wegebenutzer“ wurde veröffentlicht.

■ Die Pumpennormen DIN EN 1028, Teile 1 und 2, DIN EN 14466 und DIN EN 14710-1 wurden berichtigt, um der EG-Maschinenrichtlinie auch weiterhin zu entsprechen.

Februar

■ Die DIN 14502-3 „Feuerwehrfahrzeuge – Farbgebung und besondere Kennzeichnungen“ wird veröffentlicht. Erstmals ist dort eine Empfehlung enthalten, die Hinweise für eine verbesserte Wahrnehmbarkeit der Feuerwehrfahrzeuge durch Beklebung mit reflektierenden und fluoreszierenden Flächen enthält.

März

■ Die FF Spaichingen erhält als erste Feuerwehr in Deutschland ein StLF 10/6 auf einem Allradfahrgestell. Die Firma Walser baute das Fahrzeug auf einem allradangetriebenen Iveco Daily auf.

April

■ Rosenbauer weiht Anfang des Monats die Erweiterung des Werkes Neidling (bei St. Pölten/Österreich) ein.

■ Magirus stellt den AluFire-3-Aufbau für Truppfahrzeuge vor. Der erste RW ging an die FF Hof/Saale, das erste TLF 20/40 an die FF Dorsten.

Mai

■ Die Firma Barth ist nicht mehr als Vertreter der Firma Oshkosh-BAI tätig. Während einer Hausmesse wurde die Firma Rosenbauer als neuer Vertriebspartner vorgestellt.

■ Die FF Kahl am Main erhält von Oshkosh-BAI das erste Fahrzeug mit dem neuen Aufbau „BAIWAY“ nach etwa einem Jahr Lieferverzug. Es handelt sich um ein HLF 20/16.

Juni

■ Iveco stellt die neue Generation des Transporters Daily vor, der nun Ecodaily heißt. Dies soll das umweltfreundliche Konzept der Weiterentwicklung des Fahrzeugs betonen. Die Gesamtmasse umfasst Varianten von 3,2 bis nun 7,0 Tonnen.

■ Die überarbeiteten E DIN 14555, Teile 21 und 22 (Gerätewagen Logistik), wurden als Norm-Entwürfe veröffentlicht. Geändert wurde die feuerwehrtechnische Beladung im Bereich der Ausrüstung für Unfälle bei Gefährlichen Stoffen und Gütern.

■ Der Norm-Entwurf E DIN 14686 „Schaltschränke für in Feuerwehrfahrzeuge fest eingebaute Stromerzeuger mit einer Leistung ≥ 12 kVA“ wurde veröffentlicht.

■ Gimaex-Schmitz stellt mit einem FLF 80/125-2,5-OS auf einem vierachsigen MAN SX 43.1000 die neue „Pacifik“-Flughafenlöschfahrzeug-Baureihe vor. Gleichzeitig steigt die Firma wieder in die Produktion von Normlöschfahrzeugen (StLF 10/6) ein.

■ Die DIN EN 14710 „Feuerlöschkreiselpumpen ohne Entlüftungseinrichtung“ (Teile 1 und 2) werden veröffentlicht.

Juli

■ Der Normenausschuss Feuerwehrwesen hat die DIN EN 14042 (Drehleitern mit kombinierten Bewegungen) und den dritten Norm-Entwurf der E DIN 14502-2 veröffentlicht. Er enthält zusätzliche Festlegungen zu DIN EN 1846, Teile 2 und 3, und soll ein Vorschlag für eine Europäische Norm sein.

■ Die Firma Weschenfelder (Bretten) stellt Insolvenzantrag.

August

Die überarbeiteten Normen DIN EN 1846-2 „Feuerwehrfahrzeuge – Teil 2: Allgemeine Anforderungen“ und DIN EN 14044 (Drehleitern mit sequenziellen Bewegungen – Halbautomatik-Drehleitern) werden veröffentlicht.

Neuheiten 2008 und 2009 in Deutschland

von Manfred Gihl, Dr. Andreas Klingelhöller, Wolfgang Rotter, Jochen Thorns und Thorsten Waldmann

Die BF Reutlingen nutzt seit 2009 diesen von Weschenfelder auf einem Audi A4 2.0 TDI Avant realisierten KdoW. Motorleistung: 143 PS *(tho)*

Einsatzleitfahrzeuge

Die interessantesten Neuerungen gab es im Bereich der Kommandowagen: Bedingt durch die neu verfügbaren Fahrgestelle der so genannten SUV (Sport Utility Vehicle) VW Tiguan, BMW X3 und Ford Kuga fanden diese Einzug in die Feuerwehren.

Bereits drei Feuerwehren nutzen den BMW X3 als Kommandowagen, nämlich die BF Stuttgart, die WF Salzgitter AG im Werk Salzgitter und seit Sommer 2009 die FF Euskirchen.

VW Tiguan werden mittlerweile zahlreich als Kommandowagen genutzt, sowohl in „offener" Version als auch als so genannte „getarnte", verdeckte Version. Zum Zeitpunkt des Redaktionsschlusses waren mindestens 16 Kommandowagen im Einsatz.

Die FF Rendsburg stellte den ersten Ford Kuga überhaupt bei einer Feuerwehr in Deutschland in Dienst; die FF Völklingen im Jahr 2009 den zweiten.

Besonders beeindruckend im Bereich der ELW 2 ist das Fahrzeug der BF Reutlingen, das auf dem Busfahrgestell Neoplan Trendliner basiert und kurz vor Redaktionsschluss in Dienst gestellt worden ist.

Einen KdoW auf Basis des VW Passat Variant TDI in der Highline-Ausstattungsvariante und mit VW-Werksausrüstung beschaffte die Werkfeuerwehr des Flughafens Leipzig/Halle im Jahre 2008 *(thw)*

Die Pressestelle der Feuerwehr Hamburg erhielt im Oktober 2008 einen neuen KdoW auf der Basis des Mercedes-Benz B 200 CDI *(mgh)*

Der KdoW der FF Pfungstadt (Hessen) auf der Basis des VW Tiguan 2.0 TDI wurde 2009 in Dienst gestellt *(mgh)*

Als KdoW für den Inspektionsdienst nahm die BF Göttingen im Jahre 2008 diesen im klassischen Farbschema lackierten VW Tiguan 2.0 TDI in der Variante „Track&Field“ mit 140 PS in Dienst. Den Ausbau erstellte die Firma Wagener aus Kassel-Waldau *(thw)*

Den ersten KdoW bei deutschen Feuerwehren auf der Basis des Ford Kuga nahm die FF Rendsburg 2008 in Dienst. Der Dieselmotor dieses „Folienautos“ leistet 136 PS
(mgh)

Ein VW Caddy Maxi TDI dient der Werkfeuerwehr der Deutschen Messe AG in Hannover als neuer KdoW. Das 2009 gebaute Fahrzeug führt außer Einsatzunterlagen und Westen für die Fachberater auch einen Schaumlöscher und einen Kohlendioxid-Löscher mit. Der Ausbau erfolgte durch Karosseriebau Freytag in Wülfingen
(thw)

Der Leitungsdienst 5 der BF Stuttgart nutzt seit 2008 diesen KdoW, der durch die eigenen Werkstätten ausgebaut wurde. Fahrgestell: BMW X3 2.0d mit einem 177-PS-Dieselmotor
(tho)

Für den neuen KdoW der WF Salzgitter AG im Werk Salzgitter fiel die Wahl auf den BMW X3 2.0 d mit Werksausstattung. Das 2008 gebaute Fahrzeug ist mit einem Dieselmotor mit 177 PS ausgestattet *(thw)*

Zur Erkundung verwendet die BF Duisburg seit 2008 diesen KdoW auf der Basis des Suzuki Jimny. Sein Vierzylinder-Dieselmotor leistet 86 PS *(mgh)*

ELW 1 der FF Langen (Hessen): Mercedes-Benz Vito 111 CDI mit Ausbau von Gimaex-Schmitz. Das Fahrzeug wurde Anfang 2009 in Dienst gestellt *(mgh)*

Die FF Wedel (Schleswig-Holstein) hat 2009 ihr MZF durch einen MB Sprinter 315 CDI (Radstand 3665 mm) mit einem Ausbau von GSF ersetzt. Das Fahrzeug wird neben Aufgaben im Rahmen der Einsatzleitung auch für kleinere Technische Hilfeleistungen eingesetzt, zum Beispiel Türöffnungen *(kli)*

Bei der BF Wuppertal sind die beiden ELW 1 der C-Dienste der Feuerwachen Barmen und Elberfeld 2009 durch baugleiche folienbeklebte VW T 5 mit Binz-Aufbau ersetzt worden *(kli)*

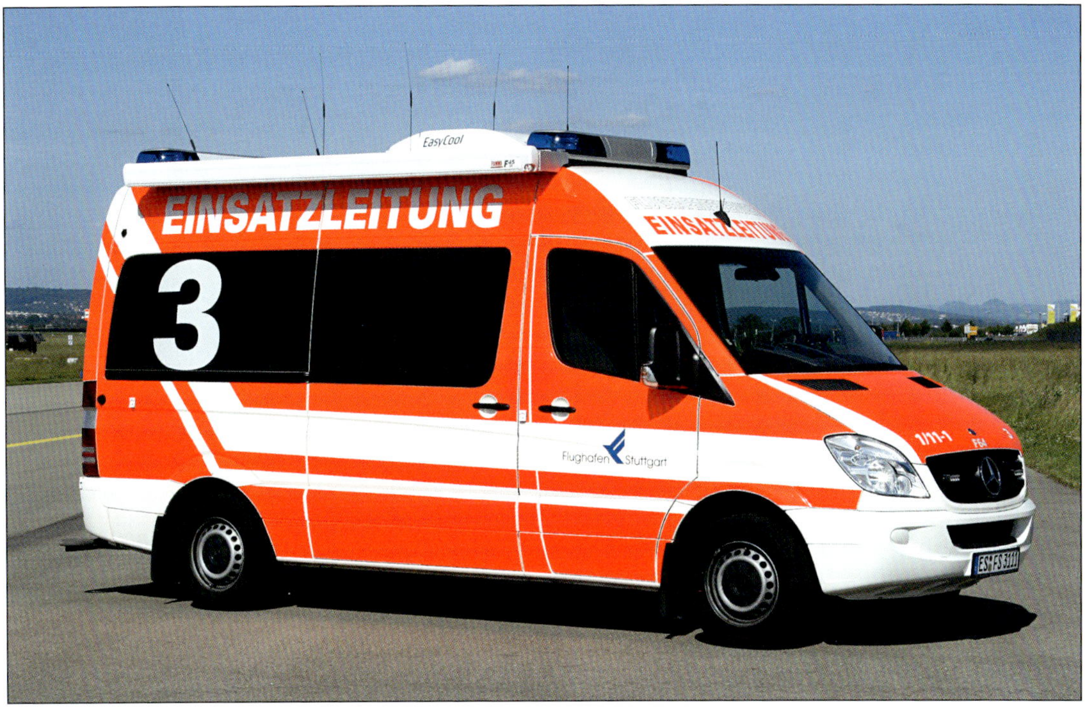

Auf einem MB Sprinter 318 CDI ist der ELW 1 der WF Flughafen Stuttgart aufgebaut. Den Ausbau fertigte Barth, die Generalunternehmerschaft lag bei der Firma KTF Feuchter (Ehningen). Baujahr: 2008 *(tho)*

Ebenfalls von Barth wurde der ELW 1 der FF Kirchheim unter Teck (Baden-Württemberg) ausgebaut. Allerdings dient ein MB Sprinter 315 CDI als Basis. Zur Erhöhung der Wahrnehmbarkeit wurde das Fahrzeug mit gelb fluoreszierenden Folien beklebt. Baujahr: 2008 *(tho)*

Schäfer (Oberderdingen) baute diesen ELW 1 der FF Ostfildern (Baden-Württemberg) im Jahr 2008 aus. Das Fahrzeug ist bei der Abteilung Kemnat stationiert. Als Fahrgestell fand ein VW Crafter 35 mit automatisiertem Schaltgetriebe Verwendung. Alle vier Sitze sind drehbar *(tho)*

Binz (Ilmenau) hat im Sommer 2009 an die FF Celle (Niedersachsen) einen ELW 2 auf einem MB Atego 1224 L geliefert. Der Kofferaufbau (unter anderem fest eingebauter 12-kVA-Stromerzeuger, 10-m-Antennenmast) ist normgerecht in einen Besprechungs- (sieben Plätze plus ein Sichter-Funkplatz) und einen Funkraum aufgeteilt, der als Besonderheit vier Arbeitsplätze aufweist. Die umfangreiche Kommunikations- und Präsentationstechnik des Fahrzeuges (2 x 4 m FuG 8b, 2 x 4 m FuG 8c, 3 x 4 m FuG 13b, 3 x 2 m FuG 9c, 8 x 2 m FuG 11b, 3 x GSM-Modul, 1 x Satellitentelefon, 1 x UMTS Internet-Router, 1 x modulare Telefonanlage, 15"- und 23"- (Touchscreen-) Monitor und 1 x Beamer) erfordert eine ausgefeilte Steuerungstechnik und Computer-Unterstützung (5 x PC) *(kli)*

Ein MAN TGL 10.210 4x2 BB mit 10 000 kg zulässiger Gesamtmasse bildet die Basis für den neuen ELW 2 des Landkreises Goslar (Niedersachsen). Binz Ambulance- und Umwelttechnik Ilmenau erstellte den Aufbau im Jahre 2008. Es sind drei Funkarbeitsplätze und ein Sichterplatz vorhanden. Funk- und Besprechungsraum sind separat klimatisiert. Beamertechnik, eine leistungsfähige Telefonanlage, Fax, Scanner und Wireless-Lan sind weitere Ausstattungsmerkmale des Fahrzeuges. Die Außenmarkise ist bei Bedarf als Zelt darstellbar, ein voll schallgedämmter Endress-Generator gewährleistet die Stromversorgung. Das Fahrzeug ist bereits für Digitalfunk (zwei Kanäle) vorgerüstet *(thw)*

Die Firmen Ziegler und KTF Feuchter (Ehningen) bauten diesen ELW 2 für die BF Reutlingen aus. Der Neoplan Trendliner 13 M mit einer zulässigen Gesamtmasse von 18 000 kg bietet einen Führungsraum für zehn Personen (sieben Plätze sowie drei Notsitze) und einen Fernmeldebereich mit vier Arbeitsplätzen. Die Lagedarstellung im Führungsraum erfolgt auf einem 42"-Plasma-Bildschirm. Im Besprechungstisch sind fünf EDV-Arbeitsplätze mit versenkbaren Laptops integriert. Die Bedienung der Funk- und Telefontechnik erfolgt über das computerunterstützte System „CULT“. Beachte die gelungene Beschriftung mit der Stadtsilhouette. Baujahr: 2009 *(tho)*

Tragkraftspritzen-, Staffel- und Löschgruppenfahrzeuge

Zur Gruppe der genormten Löschfahrzeuge gehören die Kleinlöschfahrzeuge, die Tragkraftspritzenfahrzeuge, die Staffellöschfahrzeuge, die (Hilfeleistungs-) Löschgruppenfahrzeuge und die Tanklöschfahrzeuge.

Gerade die kleineren Löschfahrzeuge haben erheblich mit den aufgrund von Abgas- und Sicherheitsvorschriften teilweise deutlich höheren Leergewichten der Basisfahrgestelle zu kämpfen. Daher sind TSF auf Basis der Typen Mercedes-Benz Sprinter und VW Crafter innerhalb der Gewichtsgrenzen kaum darzustellen, weshalb von allen Herstellern für TSF mit Doppelkabinen fast immer der Opel Movano (baugleich mit dem Renault Master) genutzt wird. Lediglich Rosenbauer nutzt den Mercedes-Benz Sprinter in der Kastenwagen-Version als Norm-TSF, wobei der Geräteraum vom Mannschaftsraum mit einer Trennwand abgetrennt ist. Aufgrund der Gewichtsproblematik wurde im politischen Raum auch für den so genannten „Feuerwehrführerschein" gekämpft.

Das erste Staffellöschfahrzeug StLF 10/6 mit Allradantrieb stellte die FF Spaichingen (Baden-Württemberg) in Dienst. Die österreichische Firma Walser baute das Fahrzeug auf einem Iveco Daily mit dem Achleitner-Allradsystem „Pias" auf.

Nachdem Iveco Magirus im Herbst 2007 die neue Aufbauserie „AluFire 3" vorgestellt hatte, konnte nach einer längeren Serienanlaufphase im Frühjahr 2009 bereits der 100. Aufbau ausgeliefert werden. Das HLF 20/16 ging an die FF Idar-Oberstein. Mittlerweile sind alle Normfahrzeuge in der neuen Aufbauform lieferbar.

TSF auf der Basis von Kastenwagen der Bauart Mercedes-Benz Sprinter 311 CDI erhielten Anfang 2009 zwei Feuerwehren in der Samtgemeinde Sickte (Niedersachsen), nämlich Erkerode-Lucklum und – hier im Bild – Veltheim/Ohe. Rosenbauer fertigte die Ausbauten in seiner Baureihe „Compact-Line". Beide Fahrzeuge verfügen über mechanische Leiterentnahmehilfen. Aufgrund der immer weiter ansteigenden Leergewichte sind normgerechte TSF mit 3500 kg Gesamtgewicht nur noch mit Schwierigkeiten darstellbar – hier wurde beispielsweise zur Gewichtsersparnis auf unnötige Verkleidungen im Geräteraum verzichtet
(thw)

Die FF Stettbach (Hessen) stellte 2008 ein TSF-W in Dienst. Es wurde von Magirus auf dem Fahrgestell Iveco Daily 65 C 15 gebaut
(mgh)

Die FF Oberkirch (Baden-Württemberg) beschaffte 2008 für die Abteilung Nussbach dieses TSF-W auf einem IM 80 E 18 D mit Magirus-Aufbau. Der Löschwasserbehälter fasst 750 Liter. Das Fahrzeug mit einem Radstand von 3690 mm hat eine zulässige Gesamtmasse von 7490 kg *(tho)*

Schlingmann-Aufbauten auf Iveco-Fahrgestellen sind recht selten. Die Löschgruppe Müllekoven der FF Troisdorf (Nordrhein-Westfalen) stellte 2008 eine solche Fahrgestell- (hier 80 E 18 Eurocargo)/Aufbau-Kombination in Dienst. Das TSF-W weist als Besonderheit die Ausrüstungsergänzung mit einem Propac-Kleinschaumgerät und einem motorgetriebenen Lüfter auf. Der Löschwasserbehälter fasst 750 Liter *(kli)*

Zwei TSF-W mit Ziegler-Aufbau (hier das Fahrzeug der Ortsfeuerwehr Rühme) konnte die FF Braunschweig Ende 2008 in Dienst nehmen. Als Fahrgestell dient ein MAN TGL 8.180 4x2 BB mit der serienmäßigen MAN-Doppelkabine. Der Löschwasserbehälter fasst 750 Liter *(thw)*

Beim TSF-W der FF Ohof (Samtgemeinde Meinersen, Niedersachsen) fiel die Wahl auf die Firma ADIK. Auch bei diesem Fahrzeug weist der Löschwasserbehälter ein Volumen von 750 Litern auf. Als Fahrgestell kommt ein MAN TGL 8.180 4x2 BL zum Einsatz; das Baujahr ist 2009. Anstelle einer Schnellangriffseinrichtung mit formstabilem Schlauch ist eine Einrichtung zur schnellen Wasserabgabe vorgesehen worden. Ein hydraulischer Rettungssatz wird noch nachgerüstet werden *(thw)*

Das erste allradangetriebene StLF 10/6 in Deutschland erhielt Ende 2008 die FF Spaichingen (Baden-Württemberg). Den Aufbau erstellte die österreichische Firma Walser auf einem Iveco Daily 65 C 18 mit Achleitner-Allradantrieb (System Pias) mit einem zulässigen Gesamtgewicht von 6500 kg. Eingebaut sind eine FPN 10-1000, ein 600-Liter-Löschwasserbehälter und eine 5-kVA-Travelpower-Anlage. Da das Fahrzeug auch einen VRW ersetzt, ist eine umfangreiche Hilfeleistungsbeladung verlastet *(tho)*

Die FF Bisingen, Abteilung Wessingen (Baden-Württemberg) erhielt 2008 dieses StLF 10/6 auf MAN TGL 8.180 4x2 BB mit ADIK-Aufbau. Der Löschwasserbehälter fasst 750 Liter. Die FPN 10-1000 stammt von Hale *(tho)*

Bei dörflichen Feuerwehren lösen die StLF 10/6 bei der Beschaffung die TSF-W ab. So auch bei der FF Eggstedt (Schleswig-Holstein), die im Jahr 2009 von Ziegler dieses Fahrzeug auf einem MAN-Fahrgestell TGL 8.180 4x2 BL erhielt (FPN 10-1000, 800 Liter Löschwasserbehälter, Lichtmast am vorderen Aufbau mit zwei 24-V-Xenon-Scheinwerfern) *(kli)*

Sehr häufig verkauft Rosenbauer die CL-Aufbauvariante in Deutschland wohl nicht, zumindest sind sie noch sehr selten. Eines dieser Modelle hat 2009 die FF Ottendorf (Schleswig-Holstein) erhalten. Fahrgestell: MAN TGL 10.240 4x2 BB (Radstand 3650 mm). Pumpe: FPN 10-1000, Löschwasserbehälter: 1000 Liter
(kli)

Die Ortsfeuerwehr Marschacht der Samtgemeinde Elbmarsch (Niedersachsen) beschaffte 2008 von Magirus ein LF 10/6 auf IM 80 EL 18 mit einem AluFire 3-Aufbau. Das Fahrgestell ist auf 8300 kg abgelastet. Außer der vierteiligen Steckleiter wird eine dreiteilige Schiebleiter mitgeführt (beachte die weit über das Kabinendach reichende Lagerung!)
(mgh)

Die FF Herne erhielt 2009 ein LF 10/6 auf einem 14-t-Fahrgestell. Es wurde von Magirus auf dem einzelbereiften Fahrgestell IM 140 E 25 W in AluFire 3-Technik gebaut. Der Löschwasserbehälter fasst 2000 Liter
(mgh)

Optisch ungewöhnlich wirkt dieses mit Straßenantrieb ausgestattete LF 10/6 der FF Weyhausen (Samtgemeinde Boldecker Land, Niedersachsen). Den Aufbau erstellte Rosenbauer Feuerwehrtechnik auf einem MAN TGM 12.240 4x2 BL mit einer zulässigen Gesamtmasse von 12 000 kg. FPN 10-2000, Löschwasserbehälter 1000 Liter, eingebauter Lichtmast (zwei 1000-Watt-Halogenstrahler), hydraulisches Schneidgerät und Spreizer von Weber sowie ein Überdruckbelüfter sind Bestandteil der Ausstattung *(thw)*

Rosenbauer Feuerwehrtechnik (Luckenwalde) lieferte 2008 ein LF 10/6 an die FF Delingsdorf (Schleswig-Holstein) – MAN TGL 13.280 4x4 BL. Die Fahrgestellbezeichnung deutet auf die umfangreiche Beladung des Fahrzeugs hin: unter anderem FPN 10-2000, hydraulischer Rettungssatz, Multifunktionsleiter, Einpersonen-Schlauchhaspel am Heck *(kli)*

Das Türschild des „TSF-W“ der FF Köln-Porz-Langel besagt „LF 10/6-Sonder“. Das Fahrzeug (Baujahr 2009, MB Atego 1226 F/Ziegler) ist mit einer FPN 10-1000 und einem 600-Liter-Löschwasserbehälter ausgerüstet und trägt darüber hinaus eine umfangreiche Sonderbeladung an Beleuchtungsmitteln (unter anderem zwei Stromerzeuger 13 kVA, vier Powermoon [Ballonreflektorlampe], TecLite groß und klein [Akku-betriebene Halogenstrahler]). Die Funkantenne ist zur Verbindungsverbesserung hochgesetzt worden *(kli)*

Die FF Freienwill (Schleswig-Holstein) hat 2009 von Ziegler ein LF 10/6 auf einem einzelbereiften MB Atego 1226 AFE-Fahrgestell (eingetragene zulässige Gesamtmasse: 10 800 kg) erhalten – FPN 10-1000-1 HL, Hygieneboard, tragbarer Stromerzeuger 9 kVA, Lichtmast mit vier 24-V-Xenonscheinwerfern *(kli)*

Das LF 10/6 der FF Neudorf-Platendorf (Niedersachsen) baute Ziegler in der Ausführung mit zwei Rollläden je Seite. Das Fahrgestell ist ein MAN TGM 13.240 4x4 BL mit einer zulässigen Gesamtmasse von 13 000 kg, das Baujahr des Fahrzeuges ist 2008. Das vom Aufbauhersteller auf dem Typschild als „LF 10/6 Sonder" bezeichnete LF verfügt über eine FPN 10-2000, einen 1000-Liter-Löschwasserbehälter sowie einen eingebauten Lichtmast mit zwei 1000-Watt-Halogenstrahlern *(thw)*

Über einen dreiteiligen Aufbau von Ziegler verfügt dieses LF 10/6 der Ortsfeuerwehr Gamsen der FF Gifhorn (Niedersachsen). Beim Fahrgestell fiel die Wahl auf einen MAN TGM 13.240 4x4 BL mit einer zulässigen Gesamtmasse von 13 000 kg. Die Pumpe ist vom Typ FPN 10-2000, der Löschwasserbehälter fasst 800 Liter *(thw)*

Die FF Hardegsen (Niedersachsen) erhielt 2008 dieses LF 10/6 auf einem MAN TGM 13.240 4x4 BL mit Schlingmann-Aufbau und einer zulässigen Gesamtmasse von 13 000 kg zGG. Die Feuerwehr bestellte eine größere Feuerlöschkreiselpumpe, als die Norm es vorsieht, nämlich eine FPN 10-2000. Der Löschwasserbehälter ist für 1000 Liter ausgelegt. Zur Ausstattung zählen ein Sprungretter System „Lorsbach", Motorkettensäge, Beleuchtungssatz, Wassersauger und Überdruckbelüfter
(thw)

Ende 2008 beschaffte die Branddirektion Stuttgart für die Freiwillige Feuerwehr vier baugleiche HLF 10/6 auf MB Atego 1126 F mit Ziegler-Aufbau. Das abgebildete Fahrzeug ist bei der Feuerwehrabteilung Riedenberg stationiert. Pumpe: FPN 10-1000, Löschwasserbehälter: 1200 Liter, Schiebleiter
(tho)

Auf einem MB Atego 1126 AF ist das HLF 10/6 der FF Kohlberg (Baden-Württemberg) von Magirus aufgebaut worden. Baujahr: 2009. Löschmittelbehälter: 600 Liter Wasser, 120 Schaummittel Class A. Pumpe: FPN 10-1000, Zumischeinrichtung FireDos FD 1000, Schiebleiter
(tho)

Das HLF 10/6 der FF Dormettingen (Baden-Württemberg) wurde von Magirus auf einem einzelbereiften IM 100 E 25 W aufgebaut. Baujahr :2009. Löschmittelbehälter: 600 Liter Wasser, 120 Schaummittel Class A. Pumpe: FPN 10-1000, Zumischeinrichtung FireDos FD 1000, Schiebleiter, zwei Chemikalienschutzanzüge, TS-Lift *(tho)*

Auch im erweiterten Amtsbereich wird dieses LF 20/16 von Magirus der FF Großenwiehe (Schleswig-Holstein) eingesetzt – Fahrgestell Iveco 160 E 30 D mit Straßenantrieb, Baujahr 2009 (FPN 10-2000, 2000-Liter-Löschwasserbehälter) *(kli)*

Auf einem IM 140 E 25 W ist dieses HLF 20/16 der FF Delbrück, Löschzug Delbrück-Mitte (Nordrhein-Westfalen), von Magirus im Jahr 2009 aufgebaut worden. Ausstattung: FPN 10-2000, Löschmittelbehälter: 2000 Liter Wasser, 200 Liter Mehrbereichsschaummittel, Turbozumischer
(tho)

Die BF Iserlohn (Nordrhein-Westfalen) nahm 2008 dieses HLF 20/16 auf IM 140 E 30 W mit Magirus-Aufbau „AluFire 3" in Dienst. Eingebaut sind eine Seilwinde Rotzler Treibmatic 50 kN und ein Lichtmast mit sechs Xenon-Scheinwerfern
(mgh)

Die WF des Kernkraftwerks Krümmel (Schleswig-Holstein) nahm im März 2009 das von Magirus 2008 in AluFire 3-Technik gebaute LF 20/16 in Dienst. Es ist auf dem Fahrgestell IM FF 140 E 30 W aufgebaut und besitzt eine Feuerlöschkreiselpumpe FPN 10/3000, einen Löschwasserbehälter mit 2000 Litern Inhalt, einen Schaummitteltank mit 500 Litern AFFF, eine FireDos-Zumischeinrichtung, eine Pulverlöschanlage von Gloria mit 250 kg BC-Pulver sowie einen Schaum-/Wasserwerfer. Um gegebenenfalls das eventuell stark verschmutzte Elbwasser fördern zu können, ist eine besondere Filteranlage eingebaut. Der angebaute Lichtmast mit zwei Flutlichtscheinwerfern zu je 1500 Watt wird durch einen 13-kVA-Stromerzeuger gespeist
(mgh)

Auf einem einzelbereiften IM 140 E 30 W baute Magirus 2008 dieses HLF 20/16 der FF Schlierbach (Baden-Württemberg) auf. Es führt 2000 Liter Wasser und 120 Liter AFFF-Schaummittel mit. Die Schaumzumischung erfolgt über die FireDos FD 1600-Zumischanlage. Bei der Pumpe handelt es sich um eine FPN 10-2000 von Magirus
(tho)

2008 konnte der Löschzug Friemersheim der FF Duisburg sein neues HLF 20/16 in Dienst nehmen. Vom Ausstattungsumfang her ein HLF (unter anderem mit einem hydraulischen Rettungssatz ausgerüstet), wird es auf dem Magirus-Typschild allerdings als LF 20/16 bezeichnet. Es handelt sich um einen Iveco 140 E 30 W mit Einzelbereifung. Die Feuerlöschkreiselpumpe ist vom Typ FPN 10-2000, der Löschwasserbehälter hat eine Kapazität von 2000 Litern
(thw)

Das HLF 20/16 der FF Berga (Sachsen-Anhalt) ist 2009 von Magirus auf einem einzelbereiften Iveco FF 140 E 30 W-Fahrgestell aufgebaut worden. Es führt 2000 Liter Wasser und 200 Liter Schaummittel mit. Besonderheiten: FPN 10-2000, Schaumzumischung FireDos, hydraulischer Hilfeleistungssatz von Holmatro (Core-Einschlauchsystem), Rotzler-Seilwinde TR 030/6, Lkw-Rettungsbühne, zwei Einpersonen-Haspeln (Verkehrsabsicherung, Schlauch), Sprühbalken unter dem Mannschaftsraum, zwei Suchscheinwerfer an der Fahrzeugfront
(kli)

Ein HLF 20/16 auf MAN TGM 13.240 4x4 BL mit Magirus-Aufbau erhielt die Ortsfeuerwehr Landwehrhagen der FF Staufenberg (Niedersachsen) im Jahr 2008. Entgegen dem Typschild, das ein LF 20/16 ausweist, verfügt das Fahrzeug über eine umfassende Ausstattung für die Technische Hilfeleistung. Ungewöhnlich ist das Fehlen einer Schiebleiter. Die zulässige Gesamtmasse des Fahrzeuges beträgt 15 000 kg *(thw)*

HLF 20/16 auf MAN TGM 13.280 4x4 BL FW der FF Neckartenzlingen (Baden-Württemberg). Aufbau: Magirus, Baujahr: 2009. Löschmittelbehälter: 2000 Liter Wasser, 120 Liter Class-A-Schaummittel, FPN 10-2000. Die Schaumzumischung erfolgt über das Caddisys-Zumischsystem. Durch die Verlastung von 5 PA im Mannschaftsraum ist dieser länger als beim Fahrzeug der FF Landwehrhagen. Dadurch wurde auch der längere Radstand notwendig *(tho)*

Die FF Idar-Oberstein (Rheinland-Pfalz) erhielt 2009 ein HLF 20/16, das von Magirus auf einem MB Atego 1629 AF aufgebaut wurde. Der Löschwasserbehälter fasst 2500 Liter, der Schaummitteltank 120 Liter. Die Schaumzumischung erfolgt durch die FireDos-Zumischanlage FD 1000. Pumpe: FPN 10-2000. Es handelt sich um den 100. ausgelieferten Aufbau der Baureihe AluFire 3 *(tho)*

Als Ersatz für ein LF 24 beschaffte die FF Gladbeck (Nordrhein-Westfalen) 2008 ein HLF 20/16 von Magirus. Es ist auf dem voll luftgefederten Fahrgestell Scania P 270 DB 4x2 MNB aufgebaut. Das HLF ist mit einer Feuerlösch-Kreiselpumpe FPN 10-2400, einer FireDos-Anlage, einer Rotzler-Seilwinde Treibmatic 50 kN und einem Lichtmast mit vier Xenon-Scheinwerfern ausgestattet. Die Löschmittelmengen betragen 1600 Liter Wasser und 200 Liter Schaummittel. Zur Beladung gehört eine schwedische Cobra-Löschlanze „Cold Cut", die mit 300 bar Wasserdruck arbeitet

(mgh)

Das erste HLF 20/16 mit einem AluFire 3-Integrale-Aufbau (im Aufbau integrierter Mannschaftsraum) von Magirus mit Straßenantrieb erhielt 2009 die FF Landau in der Pfalz (Rheinland-Pfalz). Fahrgestell: IM 160 E 30. Die Löschmittelmengen betragen 1600 Liter Wasser und 200 Liter Schaummittel. Eine Rotzler-Seilwinde Treibmatic mit 50 kN Zugkraft ist eingebaut, der Lichtmast ist mit zwei Flutlichtscheinwerfern je 1500 Watt bestückt. Das HLF 20/16 hat das passende Kennzeichen „LD-LF 2016" erhalten

(mgh)

Die FF Tuttlingen (Baden-Württemberg) erhielt mit dem HLF 20/16 den ersten Integrale-Aufbau in der Alu-Fire-3-Bauweise von Magirus auf einem Allradfahrgestell (Typ: IM 140 E 30 W). Baujahr: 2009. An Löschmitteln werden 1600 Liter Wasser und 200 Liter Class-A-Schaummittel mitgeführt. Die FPN 10-2000 verfügt über eine Pumpenvollautomatik. Die Schaumzumischung erfolgt mittels der FireDos FD 1600-Zumischanlage mit Anlaufreduzierung

(tho)

Die FF Nahe (Schleswig-Holstein) hat 2009 von Rosenbauer Feuerwehrtechnik (Luckenwalde) ein auf einem MB Atego 1628 AF-Fahrgestell (Radstand 4200 mm) aufgebautes HLF 20/16 erhalten. Aufgrund von Kostenaspekten wurde die maschinelle Zugeinrichtung als elektrisch betriebene Vorbauseilwinde ausgeführt. Ausrüstung/Beladung: FPN 10-2000, 2000-Liter-Löschwasserbehälter, hydraulischer Rettungssatz (Holmatro), Lichtmast mit vier 24-V-Xenon-Strahlern, zwei Einpersonenhaspeln von Barth

(kli)

Die Membrana GmbH in Wuppertal produziert spezielle Membrangewebe für medizinische Zwecke und technische Anwendungsbereiche. Durch das 2009 beschaffte HLF 20/16 (MB Atego 1629 F/ Rosenbauer AT2) ersetzt die Werkfeuerwehr zwei ältere Fahrzeuge. Demzufolge ergänzt eine erweiterte Gefahrgutbeladung (Auffangbehälter, Umfüllpumpen, Bindemittel etc.) die löschtechnische Ausrüstung (FPN 10-2000 [Rosenbauer N 30], Lichtmast mit vier 1000-W-Halogenstrahlern, zwei Einpersonen-Haspeln [Ölsperre, Schlauch])

(kli)

Das HLF 20/16 der Feuerwehr Worms (Rheinland-Pfalz) ist ein Vorführfahrzeug der Firma Rosenbauer, Baujahr 2008. Es wurde auf dem Fahrgestell Mercedes-Benz Atego 1329 AF in AT-Technik gebaut. Der Mannschaftsraum ist im Gerätekoffer integriert. Zu den löschtechnischen Einrichtungen gehören ein 2000-Liter-Löschwasserbehälter, ein 200-Liter-Schaummitteltank, eine FPN 10-2000, eine Druckluftschaumanlage, eine Digidos-Zumischanlage und ein Frontwerfer. Die technischen Einrichtungen umfassen einen 30-kVA-Generator und einen Lichtmast mit vier Flutlichtscheinwerfern zu je 1000 Watt

(mgh)

Das LF 20/16 der FF Bad Urach (Baden-Württemberg) auf MAN TGM 13.280 4x4 BL FW wurde von Rosenbauer mit einem Aufbau der Serie AT2 versehen. Es werden 2400 Liter Wasser und 200 Liter Class-A-Schaummittel mitgeführt. Bei der Feuerlöschkreiselpumpe FPN 10-2000 handelt es sich um den Typ N30. Die Schaumzumischung erfolgt über die Digidos-Zumischanlage. Baujahr: 2008 *(tho)*

Mit einem AT2-Aufbau von Rosenbauer ist das LF 20/16 der FF Hechingen (Baden-Württemberg) ausgestattet. Als Basis fand ein einzelbereifter MAN TGM 18.330 4x4 BB Verwendung. Löschtechnische Daten: 1600 Liter Wasser, 200 Liter Class-A-Schaummittel, Druckluftschaumanlage CAFS 3000, Digidos-Zumischanlage, FPN 10-2000 (N30). Baujahr 2008 *(tho)*

Die FF Hockenheim (Baden-Württemberg) beschaffte 2008 dieses LF 20/16 von Schlingmann. Es wurde auf dem Straßenfahrgestell MB Atego 1629 F in QuadraVA-Bauweise gefertigt
(mgh)

Im März 2009 hat die BF Münster vier baugleiche HLF 20/16 auf MAN TGM 13.280 4x4 BL mit Schlingmann-Aufbauten in Dienst gestellt. Löschtechnische Ausstattung: FPN 10-2000, Schlingmann-Auto Mix 30 DE-Druckzumischanlage, 2000-Liter-Löschwasserbehälter, 120-Liter-Schaummitteltank. Die Fahrzeuge habe eine Breite von nur 2360 mm und einen kurzen Radstand von 3650 mm. Die Wasserdurchfahrtsfähigkeit der Fahrzeuge wurde auf 75 cm erhöht
(kli)

Das im Juni 2009 in Dienst gestellte HLF 20/16 der BF Minden ersetzt im Löschzug der Berufsfeuerwehr ein LF 24, das an eine FF-Löschgruppe abgegeben worden ist. Das HLF 20/16 ist von Schlingmann auf einem MAN-Fahrgestell TGM 18.280 4x2 BB mit Automatikgetriebe in QuadraVA-Technik aufgebaut worden (FPN 10-2000, 2000-Liter-Löschwasserbehälter, 150-Liter-Schaummitteltank, Druckzumischanlage Auto-Mix 30 DE, fest eingebauter Stromerzeuger 13 kVA, Seilwinde Rotzler TR 030/6, hydraulischer Rettungssatz, zwei Einpersonenhaspeln (Schlauch, Verkehrsabsicherung), Lichtmast mit vier 24-V-Xenonscheinwerfern, tragbarer Dachmonitor, Schiebleiterentnahmehilfe, Wasserrettungsanzug, Fognailset)
(kli)

Als Stützpunktfeuerwehr ist die Freiwillige Feuerwehr Wittenburg (Mecklenburg-Vorpommern) 2009 mit einem HLF 20/16 von Ziegler ausgestattet worden (MB Atego 1629 AF). 1600-Liter-Löschwasserbehälter, zwei Multifunktionsleitern, zwei Einpersonen-Haspeln, davon eine mit Material zur Ölschadenbekämpfung, Lkw-Rettungsbühne *(kh)*

Das HLF 20/16 der FF Groß Flöthe (Samtgemeinde Oderwald, Niedersachsen) basiert auf einem MAN TGM 13.240 4x4 BL, den Aufbau erstellte die Firma Ziegler. Das Fahrzeug verfügt über eine FPN 10-2000 sowie einen 2400-Liter-Löschwasserbehälter. Als maschinelle Zugvorrichtung kommt eine Rotzler Treibmatic TR 030/6 zum Einsatz. Hydraulisches Schneidgerät und Spreizer wurden von Weber geliefert. Das Baujahr des Fahrzeuges ist 2008 *(thw)*

Eine Serie von fünf HLF 20/16 konnte Lentner 2009 bei der BF Köln platzieren, wo der Ersatz der LF 24 der Feuer- und Rettungswachen 1, 3, 5, 7, und 10 anstand. Fahrgestell: MB Atego 1529 F mit 4160 mm Radstand, Aufbau aus GFK (Plastisol). Ausrüstung und Beladung: 1200-Liter-Löschwasserbehälter, FPN 10-3000 (Godiva), mobiler Stromerzeuger 13 kVA, keine (!) maschinelle Zugeinrichtung *(kli)*

Die FF Lauingen (Bayern) stellte im Sommer 2008 dieses HLF 20/16 in Dienst. Das Fahrzeug wurde von Lentner auf einem Iveco 140 E 30 WS-Fahrgestell aufgebaut und führt 2000 Liter Wasser sowie insgesamt 240 Liter Schaummittel mit. Pumpe: FPN 10-3000. Die Einzelbereifung wurde von der Feuerwehr gewünscht; um im Einsatzfall auch ein Boot im unwegsamen Gelände ins Wasser bringen zu können *(wr)*

Wohl das letzte dreiachsige Duisburger HLF für längere Zeit ist dieses 2008 gefertigte HLF 30/40-10 (interne Bezeichnung HLF 30/40). Der MAN TGA 28.400 6x4-4 BL hat einen Aufbau von Ziegler bekommen. Die wichtigsten Eckdaten der feuerlöschtechnischen Einrichtungen: FPN 10-3000, 4000-Liter-Löschwasserbehälter, 1000-Liter-Schaummitteltank. Eine umfangreiche Ausstattung zur Technischen Hilfeleistung ist selbstverständlich ebenfalls vorhanden. Künftig sollen in Duisburg auch für die Berufsfeuerwehr kleinere zweiachsige HLF beschafft werden *(thw)*

Im Jahr 2009 führte die Berliner Feuerwehr ein neues „Corporate Design" ein, welches auch die äußere Gestaltung der Fahrzeuge umfasst. Aus Kostengründen wird allerdings der bereits vorhandene Fuhrpark in der Regel nicht neu beklebt werden können, sodass traditionelles und neues Design längere Zeit nebeneinander anzutreffen sein werden. Das im August 2009 entstandene Foto zeigt das erste LHF 20/12 der Berliner Feuerwehr im neuen Design. Die technischen Daten sind gegenüber den zuletzt ausgelieferten LHF 20/12 unverändert: MAN TGL 12.240 4x2 BL (11 990 kg zGG), Aufbau Rosenbauer, FPN 10-2000, Löschwasserbehälter 1200 Liter, Barth-Einpersonen-Haspel *(thw)*

Tanklöschfahrzeuge

Die derzeit genormten beiden Tanklöschfahrzeuge der Typen TLF 16/24-Tr und TLF 20/40 (-SL) decken die Anforderungen der Feuerwehren nur bedingt ab, da diese Fahrzeuge in vielen Fällen zu groß sind oder nicht in das taktische Konzept der Feuerwehr passen. Vor allem in Niedersachsen wurden in den vergangenen Monaten daher vermehrt TLF 20/25 mit einer (serienmäßigen) Staffelkabine beschafft.

Vor allem kleinere Freiwillige Feuerwehren haben derzeit einen Bedarf an kleineren Tanklöschfahrzeugen, weil die in den 1980er-Jahren in Dienst gestellten TLF 8/18 ersetzt werden müssen und die genormten Tanklöschfahrzeuge zu groß sind. Aus diesem Grund hat der Ausschuss für Feuerwehrangelegenheiten, Katastrophenschutz und zivile Verteidigung (AFKzV) der Innenministerkonferenz in der „Feuerwehrfahrzeug-Typenliste 2009“ auch die Normung eines TLF 20/24 mit einer Truppkabine empfohlen, diskutiert wird auch über ein TLF 10/15.

Die Beschaffung von TLF 16/24-Tr für die Ortsfeuerwehren der FF Celle (Niedersachsen) ist mit diesem Fahrzeug für die Ortsfeuerwehr Groß Hehlen 2009 fortgeführt worden (MB Atego 1126 AFE/Magirus). Das Fahrzeug führt 2800 Liter Wasser mit *(kli)*

Für den Ausrückebereich West stellte die FF Überlingen (Baden-Württemberg) 2009 ein TLF 16/24-Tr in Dienst. Ziegler baute das Fahrzeug auf einem MAN TGM 13.240 4x4 BL FW auf. FPN 10-2000, Löschwasserbehälter: 2430 Liter. Eine 5-kVA-Dynawatt-Anlage ist fest eingebaut *(tho)*

Feuerwehrfahrzeuge von Iveco-Magirus sind im Rhein-Sieg-Kreis (Nordrhein-Westfalen) traditionell verbreitet. Die Löschgruppe Spich der FF Troisdorf hat 2009 ein TLF 20/25 – so die Bezeichnung – auf Iveco FF 140 E 30 W mit Magirus-Aufbau erhalten (3000-Liter-Löschwasserbehälter, FPN 10-2000, zusätzliches Schlauchmaterial, Schiebleiter, Lichtmast mit vier 24-V-Xenon-Strahlern) *(kli)*

Eines der letzten Tanklöschfahrzeuge in AluFire-2-Bauform erhielt die Ortsfeuerwehr Barterode der FF Adelebsen (Niedersachsen) im Jahre 2008 von Magirus. Als Fahrgestell kommt ein Iveco Magirus 140 E 30 W zur Verwendung. Das Typschild weist ein TLF 16/25 aus, nach den Daten von Feuerlöschkreiselpumpe und Löschwasserbehälter handelt es sich um ein TLF 20/30. Interessant für ein Tanklöschfahrzeug dieses Baujahres ist die fahrbare B-Schlauchhaspel in klassischer Bauform, die vom Vorgängerfahrzeug übernommen wurde *(thw)*

Im Sommer 2009 hat die WF Deutschen Messe AG in Hannover ein TLF 20/30 erhalten, das auf die besonderen Belange der Messefeuerwehr zugeschnitten ist (Brandsicherheitswachen und Erstangriff): MB Atego 1526 F/Ziegler mit 3000-Liter-Löschwasserbehälter und Dachwerfer, Einpersonen-Schlauchhaspel, vier Steckleiterteile, 6 PA, davon zwei im Mannschaftsraum *(kli)*

Ein TLF 20/30 wurde 2008 für die FF Munster (Niedersachsen) gebaut. Schlingmann fertigte den Aufbau des auf dem Typschild als TLF 16/25 bezeichneten Fahrzeuges. Eine FPN 10-2000, ein 2900 Liter fassender Löschwasserbehälter, ein Schaummitteltank mit 130 Litern Fassungsvermögen und eine Schlingmann-Zumischeinrichtung sind die Eckdaten der löschtechnischen Einrichtungen. Hinten rechts am Aufbau befindet sich ein Lichtmast mit vier Xenon-Scheinwerfern. Als Fahrgestell kam ein MAN TGM 18.330 4x4 BB zur Verwendung. Bemerkenswert ist zudem die Auslegung der Kabine für Gruppenbesatzung (1/8) *(thw)*

Das Tanklöschfahrzeug TLF 20/40 der FF Welle (Samtgemeinde Tostedt, Niedersachsen) baute Magirus im Jahre 2008 auf Iveco 140 E 25 W. Es verfügt über eine FPN 10-2000 und einen Löschwasserbehälter mit 4500 Litern Inhalt. Bodensprühdüsen und eine über die Dachluke zu bedienende C-Angriffseinrichtung vervollständigen die Ausstattung des Fahrzeuges *(thw)*

Die FF Soltau in der Lüneburger Heide erhielt 2008 ihr neues TLF 20/40-SL. Beim Fahrgestell handelt es sich um einen MAN TGM 18.330 4x4 BB. Ziegler erstellte den feuerwehrtechnischen Aufbau unter Verwendung einer FPN 10-2000. Das Fahrzeug führt vier verschiedene Löschmittel mit: 4850 Liter Wasser, 500 Liter Schaummittel, 250 kg Pulver (Minimax-Anlage) sowie zwei fahrbare Löscher P 50 und K 50. Das Ziegler Foam System 2 E-D und ein hinten rechts am Aufbau montierter Lichtmast mit sechs Xenon-Scheinwerfern sind weitere Ausstattungsmerkmale

(thw)

Als Ersatz für ein verunglücktes Fahrzeug hat die BF Münster 2009 ein TLF 20/40-SL (FPN 10-2000, 4800 Liter Wasser, 500 Liter Schaummittel, 500 kg Pulver [Minimax-PLA]) in Dienst gestellt. Fahrgestell: MB Axor 1833 AK, Aufbau: Magirus

(kli)

An der Berliner Feuerwache Marzahn ist das neue Tanklöschfahrzeug auf Mercedes-Benz Axor 1829 AF mit Rosenbauer-Aufbau (RFT) stationiert. Die Berliner Feuerwehr verwendet für ihre TLF 20/40-SL weiterhin die traditionelle Bezeichnung TLF 24/50. Der Löschwasserbehälter ist für 6000 Liter ausgelegt, als Pumpe wurde eine FPN 10-3000 eingebaut. Das Fahrzeug ist mit einer CAFS-Einrichtung ausgestattet; das Baujahr ist 2008

(thw)

Das TLF 20/40 SL der FF Landau in der Pfalz (Rheinland-Pfalz) baute Lentner 2008 auf dem Fahrgestell MB Actros 1832 AK. Die Löschmittelmengen betragen 5000 Liter Wasser, 150 Liter Class A-Schaummittel, 300 Liter Class B-Schaummittel, 50 kg Pulver (mobil) und 30 kg Kohlenstoffdioxid *(mgh)*

Die BF Herne stellte 2008 dieses SLF beziehungsweise PTLF 20/30-2-P250 in Dienst. Es ist von Magirus auf dem einzelbereiften Fahrgestell IM 140 E 30 W aufgebaut worden. Die Löschmittelmengen betragen 3000 Liter Wasser, 200 Liter Schaummittel und 250 kg ABC-Pulver (Gloria PLA 250). Der Dachwerfer hat einen Ausstoß von 1600 l/min, der Frontwerfer 1200 l/min. Vorn ist eine Bodensprühanlage zum Selbstschutz vorhanden. Der Aufbau ist im bekannten Herner Farbdesign gestaltet *(mgh)*

Die FF Sömmerda (Thüringen) hat ein außergewöhnliches TLF 20/40-SL erhalten (MB Axor 1833 R/Rosenbauer AT2, Baujahr 2008). Mitgeführt werden in dem Fahrzeug mit Staffelkabine 4000 Liter Wasser und 500 Liter Schaummittel, auf dem Kabinendach ist ein ferngesteuerter Werfer RM 24 aufgesetzt. Zur Ausrüstung gehören unter anderem: tragbarer 8-kVA-Stromerzeuger, Fognailset, Überdruckbelüfter, Sprungretter und Motorkettensäge *(kli)*

Hubrettungsfahrzeuge

Unter dem Begriff werden einerseits die klassischen Drehleitern, andererseits die Hubarbeitsbühnen (HAB), also die Teleskopmast- sowie die Gelenkmastbühnen, zusammengefasst.

Metz und Bronto-Skylift konnten auch im vergangenen Jahr wieder einige Teleskopmastbühnen, meist der 30-Meter-Klasse, ausliefern. Entsprechend den örtlichen Erfordernissen sind jedoch auch einige Fahrzeuge mit höheren Arbeitshöhen in den Einsatzdienst gelangt, beispielsweise bei den Feuerwehren Frechen (38 Meter) und Lüneburg (40 Meter). Den „Höhenrekord“ hält seit Anfang 2009 die WF RWE Power in Grevenbroich mit der 90-Meter-Teleskopmastbühne.

Im Bereich der Drehleitern gab es keine signifikanten Weiterentwicklungen der aktuellen Drehleitertechnik von Metz und Magirus. Allerdings wurden von beiden Herstellern diverse Kundenanforderungen umgesetzt, sei es bei der Metz-Drehleiter auf einem Scania-Fahrgestell für die BF Karlsruhe oder bei der Allraddrehleiter der FF Braunlage (Harz) von Magirus.

An der Feuerwache West, in Sichtweite des Metz-Werkes, ist diese DLA (K) 23/12 der BF Karlsruhe stationiert. Metz baute das Fahrzeug des Typs „L32“ im Jahr 2008 auf einem Scania P340 DB 4x2 MLB auf. In der Oberleiter ist eine Wasserleitung fest verlegt *(tho)*

Die FF Nienburg/Weser (Niedersachsen) beschaffte 2008 diese Drehleiter DLA (K) 23/12 von Metz („L 32“). Sowohl der Leiterpark als auch alle Rollläden sind anthrazitfarben ausgeführt. Am Rettungskorb sind Bodensprühdüsen angebracht. Zur Ausrüstung gehören ein Wasserwerfer, ein 14-kVA-Stromerzeuger und ein Überdruckbelüfter *(mgh)*

Eine absolute Rarität erhielt die FF Braunlage/Harz (Niedersachsen) im Sommer 2009. Den winterlichen Straßenverhältnissen im Oberharz geschuldet, entschied man sich bei der neuen Drehleiter für ein Allradfahrgestell. Der MAN TGM 18.330 4x4 BB weist ein zulässiges Gesamtgewicht von 18 000 kg auf. Magirus fertigte den Drehleiteraufbau des Typs DLA (K) 23/12. Trotz des Autotransporter-Fahrerhauses, welches im Vergleich zur serienmäßigen Kabine über ein flacheres Dach verfügt, beträgt die Fahrzeughöhe immerhin 3,67 m. Zur umfangreichen Beladung der Drehleiter zählen ein akkubetriebener Rettungssatz (Lukas-Kombigerät), Rollgliss, Gerätesatz Absturzsicherung, klappbare Korbtrage mit Abseilspinne, Schornsteinfegerwerkzeug und Notfalltaschen *(thw)*

Im Sommer 2009 stellte die BF Stuttgart fünf baugleiche neue Drehleitern für alle fünf Feuerwachen in Dienst. Es handelt sich um DLA (K) 23/12 CS-HZL (Hinterachszusatzlenkung), die von Magirus auf MB Atego 1629 F aufgebaut worden sind. Die Fahrzeuge verfügen zusätzlich über Schleuderketten als Anfahrhilfe. Der Dacheinschnitt wurde von der Firma Paul (Passau) realisiert. An beiden Seiten des Rettungskorbes ist je ein LED-Blitzer der Sondersignalanlage montiert, um das Fahrzeug beim Einfahren in einen Kreuzungsbereich besser kenntlich zu machen *(tho)*

Die erste Drehleiter auf einem MAN TGM-Fahrgestell mit verlängertem Fahrerhaus von Magirus ging an die FF Kenzingen (Baden-Württemberg). Es handelt sich um eine 2008 gebaute DLA (K) 23/12 CS GL auf einem MAN TGM 15.280 4x2 BL. Der Beifahrersitz ist mit einer PA-Halterung ausgestattet. Am Fahrzeugheck wird ein wasserbetriebener Überdruckbelüfter mitgeführt *(tho)*

Ebenfalls von Magirus wurde diese DLA (K) 23/12 CS GL der FF Müllheim (Baden-Württemberg) aufgebaut. Als Fahrgestell fand ein MB Atego 1529 F Verwendung. Im Fahrerhaus sind zwei Plätze mit PA-Halterungen ausgestattet. Baujahr: 2008 *(tho)*

Die DLA (K) 23/12 CS GL-T der FF Haigerloch (Baden-Württemberg) verfügt über ein teleskopierbares Gelenkteil der Oberleiter. Fahrgestell: IM 160 E 30, Aufbau: Magirus, Baujahr: 2009. Im Rettungskorb sind Selbstschutzsprühdüsen sowie eine Bildübertragung zum Hauptbedienstand montiert

(tho)

Die FF Bad Rappenau (Baden-Württemberg) erhielt 2008 von Magirus eine Drehleiter DLA (K) 23/12 CS GL-T. Fahrgestell: IM 160 E 30. Den Aufbau dieses „Folienautos“ schmückt das Stadt-Logo mit einem stilisierten Rappen

(mgh)

Eine DLA (K) 23/12 von Magirus mit teleskopierbarem Gelenkteil und Hinterachszusatzlenkung – Magirus-Verkaufsbezeichnung DLA(K) 23/12 GL-T-HZL – erhielt die BF Hannover im Jahr 2008. Wie schon bei einer großen Zahl Einsatzfahrzeuge fiel die Wahl der Feuerwehr Hannover auch in diesem Fall auf einen Mercedes-Benz Econic, hier einen 1833 LL. Die Hinterachszusatzlenkung soll die Manövrierfähigkeit im mittlerweile zu großen Teilen „verkehrsberuhigten“ Stadtgebiet Hannovers gewährleisten, in dem das zügige Durchkommen für die Feuerwehr – wie in manchen anderen Städten auch – immer schwieriger wird

(thw)

Als vierte Feuerwehr in Schleswig-Holstein (nach Rendsburg, Elmshorn und Neumünster) erhielt die FF Kaltenkirchen im Frühjahr 2009 eine Teleskopmastbühne – einen TM 32 („B 32“) von Metz auf einem MB Atego 1629 F. Ein PA der insgesamt drei Geräte ist in den Sitz des Fahrzeugführers integriert. Eine Kranöse an der Unterseite des Mastes kann eine Last von bis zu 2,2 t aufnehmen. Der 400-kg-Korb ist unter anderem mit einem Werfer und Selbstschutzdüsen ausgestattet. Das Fahrzeugdesign mit Folien- und Konturbeklebung entspricht dem aktuellen Standard in Kaltenkirchen

(kli)

Ebenfalls eine Metz-TM 32 („B 32“) als Hubrettungsgerät erhielt bereits 2008 die FF Stadtlohn (Nordrhein-Westfalen). Beim Fahrgestell handelt es sich um einen MB Econic 1833 LL

(kli)

Auf einem MB Econic 2633 LL ist die TM 32 von Metz der FF Rottweil (Baden-Württemberg) im Jahr 2009 aufgebaut worden. Der Rettungskorb kann mit 450 kg belastet werden. Ein Wasserwerfer, eine Wärmebildkamera und eine Zoomkamera sind ständig am Korb angebaut. Weitere Lagerungen können je nach Lage montiert werden

(tho)

Die FF Espelkamp (Nordrhein-Westfalen) stellte 2009 eine Teleskopmastbühne Bronto Skylift F 32 RLX in Dienst. Er wurde auf dem Fahrgestell Mercedes-Benz Econic 1829 LL unter Mitwirkung der Schweizer Firma Rusterholz aufgebaut *(mgh)*

Die erste Teleskopmastbühne Bronto Skylift F 38 RLX in Deutschland erhielt 2008 die FF Frechen (Nordrhein-Westfalen). Als Fahrgestell wählte man ein Mercedes-Benz Econic 2633 6x4/4 *(mgh)*

Einen TM 40 stellte die FF Lüneburg-Mitte (Niedersachsen) im Jahr 2008 in Dienst. Der dreiachsige MAN TGA 26.320 6x2-2 BL wurde mit einem Aufbau des Typs Bronto Skylift F 40 RLX versehen. Das Fahrzeug mit seiner großen Rettungshöhe wird unter anderem zur Sicherstellung des zweiten Rettungsweges am nahen Schiffshebewerk Scharnebeck eingesetzt. Zu den Ausstattungsmerkmalen zählen ein leistungsfähiger Rettungs- und Arbeitskorb mit einer maximalen Tragkraft von 500 kg mit Atemschutzanschlüssen (Luftzuführungssystem Airbox 1000) und fernbedienbarem Bronto-Akromatik-Werfer für einen maximalen Durchfluss von 3800 l/min sowie ein 17-kVA-Stromerzeuger *(thw)*

Sonderfahrzeuge für Industrie und Flughäfen

Unter dem Begriff „Sonderfahrzeuge für Industrie und Flughäfen“ werden die ungenormten Fahrzeuge für die Werk- und Betriebsfeuerwehren, aber auch die Flughafenlöschfahrzeuge zusammengefasst. Besonders bemerkenswert ist, dass die Werkfeuerwehr des Flughafens Leipzig/Halle im Jahr 2008 anstelle des Ausbaus des vorhandenen Wechselladersystems eine Sattelzug-Lösung in Dienst gestellt hat. Vorgehalten werden jeweils ein Sattelauflieger für Unfälle mit Gefährlichen Stoffen und Gütern sowie für die Schaffung von Notunterkünften (u.a. Beladung mit 450 Feldbetten, 24 Festzeltgarnituren, 280 Schlafsäcken).

Ende 2008 stellte die Bundeswehr drei weitere Fahrzeugtypen der dritten Generation der Feuerlösch-Kraftfahrzeuge vor. Es handelt sich um die FLKfz „Gebäudebrand“, „Waldbrand“ und „Geräterüst“. Die Auslieferung an die Truppe erfolgte ab Dezember 2008 mit dem Geräterüstfahrzeug, die beiden anderen Typen folgten Anfang 2009.

Ein typisches Industrie-Lösch- und Hilfeleistungsfahrzeug hinsichtlich Größe, Löschmittelbeladung und Ausrüstung lieferte Rosenbauer 2008 an das Werk Wuppertal der DuPont Performance Coatings GmbH: TroSTLF 60/20-40-750 P auf MAN-Fahrgestell TGS 26.440 6x2-2 BL. Ausrüstung: Rosenbauer-FP R 600 N 2, Löschwasserbehälter: 2000 Liter, Schaummitteltank: 4000 Liter, 750-kg-Total-Pulverlöschanlage, Schaummittelpumpe R 60 H 3 (500 l/min bei 16 bar) mit eigenem Hatz-Dieselmotor, elektrische Leiterentnahmehilfe, Schieb- und Steckleiter. Aufgrund der baulichen Verhältnisse in der Fahrzeughalle entschied man sich für Schiebetüren an der Fahrerkabine *(kli)*

Ein beeindruckendes Hilfeleistungslöschfahrzeug mit Teleskopmast beschaffte 2008 die Werkfeuerwehr des Flughafens Leipzig/Halle. Eine an die Norm angelehnte Bezeichnung müsste wohl HLF 30/50-5-TM 32 lauten. Als Fahrgestell kommt ein vierachsiger MAN TGA 35.440 8x2-6 BL zur Verwendung. Gimaex-Schmitz erstellte den Aufbau unter Verwendung einer Plastisol-Kabine für Staffelbesatzung und eines Klaas-Teleskopmastes mit Rettungskorb. Die FPH 10-3000/40-250 stammt von Gimaex, weiterhin ist eine FireDos-Zumischeinrichtung (Typ 2500/3/3) eingebaut. Auch hydraulische Rettungsgeräte zählen zur Beladung des HLF. Das zulässige Gesamtgewicht liegt bei 32 000 kg, die Länge beträgt 12 200 mm *(thw)*

Das Feuerlösch-Kraftfahrzeug Gebäudebrand ist einer der drei neuen Typen der neuen Löschfahrzeuggeneration der Bundeswehr. Ziegler erstellte den Aufbau 2008 auf einem MAN TGM 18.280 4x4 BB. Die Löschmittelbehälter fassen 3000 Liter Wasser und 300 Liter Schaummittel. Die löschtechnischen Einrichtungen umfassen weiter eine FPN 10-2000, die Zumischanlage Ziegler EAD 30 und den Dachwerfer Alco EL 570 (1200 l/min) sowie einen fest eingebauten 9-kVA-Generator. Das abgebildete Fahrzeug ist an der ABC- und Selbstschutzschule der Bundeswehr in Stetten am kalten Markt stationiert *(tho)*

Für den Waldbrandeinsatz ist das neue Feuerlösch-Kraftfahrzeug Waldbrand der Bundeswehr gedacht. Ziegler erstellte den Aufbau auf einem MB U 5000. Neben einer FPN 10-2000 werden 4300 Liter Wasser, ein manueller Dachwerfer Alco HH 1260 (800 l/min) sowie eine 50-kN-Seilwinde und ein fest eingebauter 9-kVA-Stromerzeuger mitgeführt. Das abgebildete, 2008 gebaute Fahrzeug ist an der ABC- und Selbstschutzschule der Bundeswehr in Stetten am kalten Markt stationiert *(tho)*

Ebenfalls 2008 nahm die Werkfeuerwehr des Flughafens Leipzig/Halle ein Sattelzugsystem in Betrieb. Als Zugmaschine dient ein MAN TGS 18.400. Zudem sind zwei Sattelauflieger vorhanden: ein GW-G und ein GW-Notunterkunft. Der GW-G-Auflieger ist ein Ackermann-Sattelanhänger mit HuRoWa-Aufbau, der mit 16 rollbaren Kleincontainern ausgestattet ist. Diese umfassen unter anderem Schutzkleidung und Schutzgerät, Säureumfüllpumpe, Gefahrgutschlauchpumpe, Sicherheitsfass, Leckdichtkissen, Universalzelte, Dekon-Wanne sowie Messgeräte und Probeentnahmesets. Der GW-Notunterkunft-Auflieger von Schmitz-Cargobull ist mit einer MBB-Ladebordwand des Typs 1500 K ausgestattet *(thw)*

Rüst- und Gerätewagen

Seit der Normung der Gerätewagen Logistik im Jahr 2005 scheint der Bedarf der Feuerwehren an diesen Universalfahrzeugen weiter ungebrochen. Auch in diesem Jahr wurden wieder ungewöhnlich viele GW-L oder diesem Typ ähnliche Logistikfahrzeuge nach Landesrichtlinien (z. B. GW-T in Baden-Württemberg oder V-LKW in Bayern) beschafft. Vor allem Ziegler und Hensel (an dieser Firma hält Ziegler übrigens eine 50-prozentige Beteiligung), aber auch Magirus (vor allem bei Feuerwehren in Niedersachsen) haben dabei erhebliche Marktanteile.

Weiterhin auffällig ist, dass auch in diesem Jahr wieder viele Feuerwehren, zum Beispiel Hamburg, Duisburg und Brandenburg, neue Gerätewagen Wasserrettung für die Tauchergruppen in Dienst gestellt haben. Hier gab es verschiedene interessante Lösungen auf Lkw- und auch auf leichten Transporter-Fahrgestellen.

Die vor einigen Jahren bei den Rüstwagen eingeführte heckseitige Ladebordwand scheint fast eine Modeerscheinung gewesen zu sein. Nachdem in den vergangenen Jahren zwar diverse Rüstwagen mit Ladebordwand von den Feuerwehren beschafft worden sind, gehen derzeit viele – gerade Freiwillige Feuerwehren – wieder zum traditionellen Aufbau, also ohne Ladebordwand, zurück.

Im Rendsburger Zweigwerk von Ziegler ist 2009 der RW für die FF Damp-Dorotheental (Schleswig-Holstein) auf einem MAN TGM 13.240 4x4 BL gefertigt worden, der einen RW 1 ersetzt. Aus Kostengründen entschied sich die Feuerwehr für eine Vorbau-Elektroseilwinde mit einer Zugkraft von 54 kN. Weitere Ausstattungsmerkmale: fest eingebauter 30-kVA-Stromerzeuger, Lichtmast mit zwei 24-V-Xenon-Scheinwerfern
(kli)

Eine umfangreiche Ausrüstung für Einsätze im Rahmen der Technischen Hilfeleistung und in Zusammenhang mit Gefährlichen Stoffen und Gütern weist das Feuerlösch-Kraftfahrzeug Geräterüst der Bundeswehr auf. Es wurde von Ziegler auf einem MAN TGM 18.280 4x4 BB aufgebaut. Fest eingebaut sind ein 23-kVA-Stromerzeuger und eine 50-kN-Seilwinde. Das abgebildete, 2008 gebaute Fahrzeug ist an der ABC- und Selbstschutzschule der Bundeswehr in Stetten am kalten Markt stationiert
(tho)

Einen Rüstwagen mit Einzelbereifung stellte die FF Bad Harzburg (Niedersachsen) im Frühjahr 2009 in Dienst. Ausschlaggebend für diese Entscheidung waren die in den Höhenlagen des Harzes nicht selten anzutreffenden winterlichen Straßenverhältnisse. Auf das MAN-Fahrgestell des Typs TGM 18.330 4x4 BB baute Ziegler den feuerwehrtechnischen Aufbau auf. Als Winde kommt eine Rotzler Treibmatic TR 030/6 zum Einsatz, beim eingebauten Generator handelt es sich um einen GTS DWG (BL) 30/15-2ZE. Schneidgerät und Spreizer stammen von Lukas. Interessant ist auch die Beladung mit einem Sauerstoff-Lanzensystem anstelle eines Plasmaschneidgerätes *(thw)*

Ein Mercedes-Benz Atego 1629 AF (16 000 kg zGG) dient als Basis für den neuen Rüstwagen der BF Göttingen. Den Aufbau erstellte Ziegler im Jahre 2009. Die Seilwinde ist eine Rotzler TR 030/6, der eingebaute Generator ein GTS DWG (BL) 30/15-2ZE. Die hydraulischen Rettungsgeräte stammen von Lukas. Als Besonderheit sind zwei Lichtmasten vorhanden: der hinten am Aufbau montierte ist mit zwei Halogenstrahlern ausgerüstet, der vordere mit vier. Sämtliche Großfahrzeuge der BF Göttingen und auch ein Großteil der kleineren Einsatzfahrzeuge sind in Tagesleuchtfarbe RAL 3024 lackiert *(thw)*

Die BF Düsseldorf nahm 2008 diesen RW 3 in Dienst. Er wurde von Ziegler auf dem einzelbereiften Militärfahrgestell MB Axor 1633 A (äußerlich erkennbar an den andersartigen Frontscheinwerfern) aufgebaut. Die Wattiefe beträgt 1000 mm. Ausstattung: Rotzler-Seilwinde Treibmatic mit 80 kN Zugkraft, Generator 40 kVA, Lichtmast mit sechs Xenon-Scheinwerfern. Zur Beladung gehören die schwere Ausführung des Schneidgeräts und des Spreizers sowie der Hydraulikheber von Lukas sowie ein Plasma-Schneidgerät *(mgh)*

Im Sommer 2009 konnte die FF Winsen/Aller (Niedersachsen) ihren neuen Rüstwagen in Dienst nehmen. Der MB Atego 1629 AF mit 16 000 kg zulässiger Gesamtmasse wurde von Schlingmann mit einem feuerwehrtechnischen Aufbau versehen. Die maschinelle Zugvorrichtung stammt von Rotzler (Treibmatic TR 080/6), der eingebaute 23-kVA-Generator von GTS (DWG (BL) 2315-2ZE). Als Besonderheiten sind ein Gerätesatz Wasserrettung mit selbstaufblasendem Schlauchboot, eine Zusatzbeladung Öl und eine Chiemseepumpe zu erwähnen. Der Lichtmast mit sechs Xenon-Scheinwerfern ist vorn am Aufbau montiert *(thw)*

Bei der Ortsfeuerwehr Garstedt der FF Norderstedt (Schleswig-Holstein) ist dieser RW stationiert. Schlingmann baute das Fahrzeug auf einem MAN TGM13.280 4x4 BL mit einer serienmäßigen Doppelkabine auf. Fest eingebaut sind ein 30-kVA-Stromerzeuger, eine 50-kN-Seilwinde und eine One-Seven-Druckluftschaumanlage (Gimaex-Schmitz). Im Mannschaftsraum findet maximal eine Staffel Platz; zwei Plätze sind mit PA-Halterungen ausgestattet. Baujahr: 2008 *(tho)*

Einen RW beschaffte die FF Plettenberg (Nordrhein-Westfalen) 2009 von Rosenbauer auf dem einzelbereiften MB Atego 1329 AF. Technische Ausstattung: Rotzler-Seilwinde Treibmatic mit 80 kN Zugkraft, Generator 30 kVA, Lichtmast mit zwei Flutlichtstrahlern je 1500 Watt. Zur Beladung gehören ein Plasma-Schneidgerät, eine Schnellangriffseinrichtung „Luftheber" und eine Ölschadenausrüstung. Vorhanden ist auch eine Rückfahrkamera *(mgh)*

Den Rüstwagen der Feuerwehr Fulda baute Gimaex-Schmitz 2008 auf MB Atego 1429 AF. Der RW verfügt über eine Rotzler-Seilwinde Treibmatic 50 kN, einen Generator 20 kVA, einen Teclite-Lichtmast (je zwei Xenon- und Natriumdampflampen) sowie über eine Ladebordwand von MBB, maximale Traglast 1500 kg *(mgh)*

Die FF Seeheim (Hessen) erhielt 2008 diesen RW, gebaut von Gimaex-Schmitz auf einem IM 140 E 30 W. Der RW verfügt über eine Rotzler-Seilwinde Treibmatic mit 50 kN Zugkraft, einen 30-kVA-Generator und einen Lichtmast mit zwei Flutlichtscheinwerfern je 1500 Watt. Die Ladebordwand stammt von MBB und hat eine Traglast von 1000 kg. Zur Beladung gehören ein Plasma-Schneidgerät und eine Rettungsplattform *(mgh)*

Die FF Alzey (Rheinland-Pfalz) nahm 2008 einen RW-Kran in Dienst. Ziegler baute ihn auf dem MB Atego 1329 AF auf und stattete ihn mit einer Rotzler-Seilwinde Treibmatic 50 kN und einem 30-kVA-Generator aus. Der Heckkran von Palfinger hat eine maximale Hebekraft von 3300 kg bei 3,70 m Ausladung *(mgh)*

Hensel baute diesen Gerätewagen Transport (GW-T) der FF Aalen, Abteilung Unterkochen (Baden-Württemberg) im Jahr 2008 aus. Das Fahrzeug auf einem allradangetriebenen MB Vario 816 DA verfügt über einen fest eingebauten 20-kVA-Generator, einen Lichtmast mit vier 1000-Watt-Flutlichtstrahlern und eine klappbare Ladebordwand mit einer Tragfähigkeit von 1000 kg *(tho)*

Der Landkreis Breisgau-Hochschwarzwald stationierte 2008 diesen GW-T bei der FF Breisach (Baden-Württemberg). Fahrgestell: MB Atego 1629 AF, Aufbau: Zikun. Die serienmäßige Doppelkabine bietet einer Staffel Platz. Die Dautel-Ladebordwand trägt 1500 kg *(tho)*

Nach eigenen Vorstellungen und angepasst an die örtlichen Bedürfnisse ließ sich die FF Barleben (Sachsen-Anhalt) 2008 ihren GW-Logistik bauen. Beim Fahrgestell fiel die Wahl auf einen Iveco EuroCargo 100 E 18. Am Heck ist eine Dautel-Ladebordwand DLB 1500 angebaut. Den Aufbau erstellte Magirus (Iveco Magirus Brandschutztechnik Görlitz). Die Beladung des Fahrzeuges umfasst unter anderem Material für Erstmaßnahmen im Gefahrguteinsatz, ein Dekontaminationszelt und Messgerätschaften *(thw)*

Diesen GW-L1 des Landkreises Gifhorn (Niedersachsen) baute die Firma Henniges Nutzfahrzeuge (Einbeck) im Jahre 2008 auf. Als Fahrgestell kam ein Iveco Daily 65 C 15 zur Verwendung. Das Fahrzeug verfügt über eine MBB-Ladebordwand des Typs 1000 AQ. Zur ständigen Beladung zählen zwei Rollcontainer mit B- beziehungsweise C-Schläuchen, je ein Rollcontainer mit Atemluftflaschen und Ölbindemittel sowie zwei leere Rollcontainer
(thw)

Der bei der FF Weddel stationierte GW-L2 des Landkreises Wolfenbüttel (Niedersachsen) verfügt über eine vielfältige Beladung, unter anderem vier Rollcontainer mit je 500 m B-Druckschläuchen im Verbund, einen 5000-Liter-Faltbehälter, eine PFPN 10-1000, Beleuchtungssatz, Motorkettensäge und Multifunktionsleiter. Magirus (Iveco Magirus Brandschutztechnik Görlitz) erstellte den Aufbau 2008 auf einem MAN TGM 13.280 4x4 BL mit 14 100 kg zGG. Die faltbare Ladebordwand stammt von MBB (Typ 1500 KL)
(thw)

Als Schlauchwagen beladen ist der neue GW-L2, den die Ortsfeuerwehr Rühme der FF Braunschweig im Jahre 2008 erhielt. Meinicke baute das Fahrzeug auf der Basis eines MAN TGM 13.240 4x4 BL mit einer Gesamtmasse von 14 100 kg. Doppelkabine, fester Gerätekasten und Allradantrieb sind in der Norm für den GW-L2 zwingend vorgeschrieben. Der GW-L2 verfügt unter anderem über eine faltbare Ladebordwand und eine Rückfahrkamera
(thw)

Einen GW-Logistik ohne feste Beladung – der Sache nach also einen LKW – erhielt der Landkreis Wolfenbüttel (Niedersachsen) im Jahre 2009. Als Fahrgestell wurde ein MAN TGL 10.210 4x2 BL beschafft, den Aufbau erstellte die Firma Pachel aus Goslar *(thw)*

Einen allradgetriebenen GW-L konnte die FF der Samtgemeinde Meinersen Anfang 2009 in ihren Fuhrpark einreihen. Der Mercedes-Benz Sprinter 515 CDI 4x4 mit Doppelkabine wurde von der Firma Fahrzeugbau Burgstall mit einem Pritsche-/Plane-Aufbau versehen *(thw)*

Als GW-Post setzt die BF Duisburg diesen 2009 gebauten Mercedes-Benz Sprinter mit Kofferaufbau der Firma Gossler und einer MBB-Ladebordwand des Typs 750 KSP ein *(thw)*

Einen neuen GW-Licht stationierte die Feuerwehr Karlsruhe 2008 bei der FF-Abteilung Durlach. Die ortsansässige Firma H+E baute das Fahrzeug auf einem MAN TGL 8.180 4x2 BB auf. Das Fahrzeug verfügt über einen 66-kVA-Generator mit eigenem Antrieb durch einen Dieselmotor. Der Lichtmast mit vier 1000-Watt-Halogen-Metalldampf-Entladungslampen und zwei 1500-Watt-Flutlichtscheinwerfern kann auf eine Lichtpunkthöhe von 9,5 m ausgefahren werden *(tho)*

Die Feuerwehr Hamburg beschaffte 2008 sieben baugleiche GW-FM (Fernmeldeausstattung); ein Fahrzeug hat die FF Bille erhalten. Die Konzeption des Fahrzeuges ist an den Führungs- und Kommunikationskraftwagen des THW angelehnt und wird in der Endausbaustufe durch einen Führungs- und Lageanhänger ergänzt. Im Katastrophen- und Großschadenfall soll die Kommunikation innerhalb der Führungsstrukturen durch den Aufbau und Betrieb von Fernmeldeverbindungen unterstützt werden (MAN TGL 12.240 4x2 BL/Empl und Baumeister & Trabandt)

Ein weiterer Fernmeldeeinsatzwagen FmEW wurde von der Berliner Feuerwehr Ende 2008 übernommen. Den Mercedes-Benz Vario 818 D baute Binz (Ilmenau) zum Einsatzfahrzeug aus. Die Fernmeldeeinsatzwagen sind eine Besonderheit bei der Berliner Feuerwehr. Sie dienen zum einen der Serviceeinheit Informationstechnik zur sofortigen Behebung von Störungen in der IuK-Technik der Feuerwehr, zum anderen aber auch – neben dem gleichfalls vorhandenen ELW 3 – als Befehlsstand der örtlichen Einsatzleitung

(thw)

Der neue GW-Tierrettung der BF Hannover (Baujahr 2009) wird durch das Personal der Sonderfahrzeuggruppe der Feuer- und Rettungswache 4 besetzt. Die örtliche Firma Ernst August Dreyer GmbH baute den VW Crafter 35 TDI mit einem Radstand von 4325 mm entsprechend den Erfordernissen (Verlastung einschlägiger Gerätschaften und Unterbringung von Tieren) aus *(kli)*

Die Firma Gimaex-Schmitz baute den neuen Gerätewagen Atemschutz/Strahlenschutz (GW-A/Str) der BF Göttingen auf einem Mercedes-Benz Atego 1529 F (13 500 kg zulässige Gesamtmasse) auf. Als Generator ist ein Eisemann BSKA 13 auf einem Auszug vorhanden *(thw)*

Die FF Speyer (Rheinland-Pfalz) übernahm 2008 von der Firma Hensel einen GW-AS auf dem Fahrgestell MAN TGL 8.180 4x4 BL. Am Aufbau befindet sich auf beiden Seiten eine ausfahrbare Markise. Zur Beladung gehören 24 Pressluftatmer und diverse Schutzanzüge *(mgh)*

GW-G der FF Norderstedt, Ortswehr Friedrichsgabe (Schleswig-Holstein), gebaut 2008 von Gimaex-Schmitz auf dem Fahrgestell MAN TGM 15.280 4x2 BB. An beiden Fahrzeugseiten ist eine Markise angebracht

(mgh)

Einen Gerätewagen Gefahrgut der Extraklasse baute Ziegler 2009 im Auftrag der BF Karlsruhe. Sie wählte für ihren GW-G das Fahrgestell MAN TGS 26.400 6x2/2 BL. Bei einer zulässigen Gesamtmasse von 26 000 kg beträgt das Einsatzgewicht nur 15 900 kg. Infolge der mitlenkenden zweiten Hinterachse ist das 9650 mm lange Fahrzeug sehr beweglich. Zur Ausstattung gehören ein 30-kVA-Generator, ein Lichtmast mit zwei Flutlichtscheinwerfern je 1500 Watt und zwei Xenon-Scheinwerfern sowie eine Ladebordwand von Dautel mit 1500 kg Traglast. Eine Besonderheit stellt die aus dem Dach herausklappbare elektronische Verkehrswarntafel dar

(mgh)

Die FF Bad Hersfeld (Hessen) beschaffte 2008 diesen GW-Wasserrettung. Die Firma ADIK (Mudersbach) baute ihn auf dem Fahrgestell Iveco Daily 65 C 15 D auf

(mgh)

Einen neuen Wasserrettungswagen (GW-Wasserrettung) erhielt die BF Duisburg im Jahr 2008. In Abkehr vom zuletzt für diesen Fahrzeugtyp verwendeten Abrollbehältersystem dient nun ein geschlossener Kastenwagen der Bauart Mercedes-Benz Vario 818 DA mit Allradantrieb und Ziegler-Aufbau als Taucherfahrzeug. Das Fahrgestell wurde durch die Firma Paul (Passau) modifiziert und unter anderem mit Einzelbereifung großen Durchmessers versehen. Hierdurch wurde eine Wattiefe von immerhin 50 cm erreicht. Weitere Ausstattungsmerkmale des GW-W sind ein Lichtmast sowie elektrische Seilwinden vorn und hinten

(thw)

Unter kostensparender Verwendung des Aufbaus vom Vorgängerfahrzeug (eines IFA W 50 LA/A) ließ sich die BF Brandenburg an der Havel im Jahr 2008 ihren neuen GW-W bauen. Als Fahrgestell kam ein MAN TGM 13.240 4x4 BL mit MAN-Doppelkabine zur Verwendung, den Umbau nahm die Firma Bendich aus Berlin vor

(thw)

Der Märkische Kreis beschaffte 2008 einen GW-MANV (Massenanfall von Verletzten) und stationierte ihn bei der Feuerwehr Lüdenscheid. Fahrgestell: Mercedes-Benz Vario 818 D, Koffer von Ewers

(mgh)

Wechselladerfahrzeuge

Nach der Ende 2007 erfolgten Markteinführung der neuen MAN-Fahrgestelle der Baureihen TGS und TGX (beide Baureihen unterscheiden sich in der Motorleistung und den Fahrerkabinen) sind diese in den vergangenen beiden Jahren häufig als Basis für Wechselladerfahrzeuge genutzt worden, wobei hier insbesondere der Typ TGS zum Einsatz kommt. Einen MAN TGX hat jedoch die Berufsfeuerwehr Wuppertal beschafft.

Erstmals sind in Deutschland auch zwei Volvo-Lkw als WLF in den Einsatzdienst übernommen worden. Während die FF Germersheim am Rhein einen neuen Volvo FM/FH 6x2/2 beschaffte, nutzt die Werkfeuerwehr des Kernkraftwerkes Gundremmingen (Bayern) seit Ende 2008 einen gebrauchten Volvo FL 7 als Trägerfahrzeug für das neu beschaffte „Holland Fire System".

Aus dem Jahr 2008 stammt dieses WLF der FF Friedrichshafen (Baden-Württemberg) auf einem Iveco Stralis 260 S 26 Y/PS mit Nachlauflenkachse. Aufbau: Iveco Prem/Meiller. Der aufgesattelte AB-Transport wurde 2009 von Sirch geliefert *(tho)*

2008 beschaffte die FF Weinheim (Hessen) ein WLF auf MB Axor 2533 (6x4) mit Wechselladereinrichtung von Meiller. Der Ladekran von Palfinger kann maximal 6300 kg bei 4,50 m Ausladung heben *(mgh)*

Das 2008 beschaffte WLF des Landkreises Alzey-Worms, das bei der FF Alzey (Rheinland-Pfalz) stationiert ist, dient zum Nachschub. Es ist mit einer Wechselbrücke der Firma Tunger (Reichenbach) ausgestattet. Fahrgestell: Mercedes-Benz Atego 1224
(mgh)

Ein hochgeländegängiges teilmilitarisiertes Fahrgestell vom Typ Mercedes-Benz Actros 3341 A tmil mit Einzelbereifung und Wandlerschaltkupplung setzt die BF Düsseldorf seit 2008 als WLF g ein. Die Wechselladeeinrichtung stammt von VDL Containersystemen aus dem Niederlanden und wurde bei der Firma Michels (Geldern) montiert. Hier ist der ebenfalls neue AB-Lüfter von Heines-Wuppertal und GSF Sonderfahrzeugbau aufgesattelt
(thw)

Das erste WLF in der Geschichte der BF Neumünster ist 2009 beschafft worden – ein MAN TGS 26.320 6x2-2 BL mit einem Hakensystem von Multilift. Bislang gibt es zwei Abrollbehälter (Mulde und Schlauch). Der aufgesattelte AB-Schlauch ist gebraucht von der BF Hamburg gekommen und in Neumünster aufgearbeitet worden
(kli)

Das zweite WLF in kurzer Zeit erhielt 2009 die WF Salzgitter AG im Werk Salzgitter. Das Fahrgestell ist ein MAN TGS 26.360 6x2-2 LL. Die Firma Meindl (Hameln) baute das Fahrzeug unter Verwendung einer Meiller-Wechselladeeinrichtung des Typs RK 20.65 auf. Ebenfalls neu – Baujahr 2009 – ist der AB-Rüst, den Heines-Wuppertal und GSF-Sonderfahrzeugbau fertigten *(thw)*

WLF werden bei Berufsfeuerwehren in Zweitfunktion häufig als Fahrschulfahrzeuge eingesetzt. So auch in Wuppertal, wo 2009 eines von vier WLF durch einen MAN TGX 26.440 6x2-2 LL mit Marrel-Hakentechnik ersetzt worden ist. Der AB-Schlauch (Cadolto/Heines) stammt aus dem Jahr 1993 *(kli)*

Einzigartig ist das WLF der FF Germersheim (Rheinland-Pfalz), das 2009 auf der Basis des Fahrgestells Volvo FM/FH 6x2/2, zulässige Gesamtmasse 27 000 kg, mit einer Atlas-Wechseleinrichtung gebaut wurde. Der V6-Dieselmotor leistet 307 PS. Das WLF ist mit einer Rotzler-50-kN-Seilwinde und einem Atlas-Ladekran ausgestattet. Dieser hat eine maximale Hebekraft von 5500 kg bei 1,90 m Ausladung beziehungsweise 1000 kg bei 10,1 m. Das WLF transportiert ein 6,27 m langes Aluminium-Kleinboot der Nordland Hansa GmbH, Rostock, mit 90-PS-Außenbordmotor von Honda *(mgh)*

Sonstige Fahrzeuge

Unter diesem Begriff werden alle nicht genormten beziehungsweise nicht in eine bestimmte Kategorie einzuordnenden Feuerwehrfahrzeuge zusammengefasst, zum Beispiel Pkw, Kleinalarmfahrzeuge oder Sonderfahrzeuge von Werkfeuerwehren. Auf die Abbildung von Mannschaftstransportwagen wurde in diesem Jahr aus Umfangsgründen zugunsten interessanterer Fahrzeuge, wie dem MZF „Polaris" des Feuerwehrtechnischen Zentrums des Kreises Düren, verzichtet.

Speziell für Einsätze in Parkhäusern beschaffte die FF Friedrichshafen (Baden-Württemberg) dieses KLF auf einem VW T5 mit Barth-Ausbau. Baujahr: 2009. Die Besatzung beträgt 1/3, der Angriffstrupp kann die Pressluftatmer bereits während der Anfahrt anlegen. Neben einer umfangreichen Beladung wird eine Hochdrucklöschanlage „Powerjet" (Müller) mitgeführt *(tho)*

Besonderheit dieses Kleineinsatzfahrzeuges (KEF) der BF Karlsruhe ist die Hinterachse, die aus Gründen eines größeren Fahrzeuginnenraumes mit einer Supersinglebereifung versehen wurde. Schäfer baute das Fahrzeug unter Verwendung von Sortimo-Teilen 2008 auf einem MB Sprinter 415 CDI aus. Eingebaut ist eine 4-kVA-Dynawattanlage *(tho)*

Der Bund hat Anfang 2009 für den Katastrophenschutz die ersten LKW Dekon P2 ausgeliefert. Eines dieser Fahrzeuge ist dem Löschzug Gefahrgut (LZ-G) des Kreises Steinburg (Unterkunft in Nordoe) zur Verfügung gestellt worden. Empl baute die Fahrzeuge unter Verwendung einer MBB-Ladebordwand auf MAN TGM 18.280 4x4 BB auf
(kli)

Unabhängig von der Bundesbeschaffung erwarb auch die FF Brandenburg an der Havel einen LKW Dekon-P. Den MAN TGM 13.240 4x4 BL baute die Firma Bendich (Berlin) zum Einsatzfahrzeug um. Der Wagen verfügt über eine MBB-Ladebordwand des Typs 1000 K, das Baujahr des Fahrzeuges ist 2009
(thw)

Mithilfe von Sortimo-Einrichtungsgegenständen haben die hauptamtlichen Gerätewarte der FF Itzehoe (Schleswig-Holstein) 2009 einen VW Caddy Maxi (Radstand 3665 mm) zu einem MZF für Dienst- und Werkstattfahrten sowie für kleinere Nachschubaufgaben umgebaut
(kli)

Als Ersatz für einen 18 Jahre alten VW Caddy, der künftig zum Bestand des AutoMuseums Volkswagen in Wolfsburg zählt, beschaffte die BF Braunschweig 2009 diesen kleinen LKW auf Basis eines VW Transporter TDI mit kurzem Radstand und Werksausbau *(thw)*

Eine mobile Atemschutzübungsstrecke (MobAS) in Form eines Sattelzuges nahm die Berliner Feuerwehr im Jahr 2009 in Dienst. Die Zugmaschine ist ein MAN TGS 18.320 4x2 BL mit 18 000 kg zulässiger Gesamtmasse. Der mit einem seitlichen Raumerweiterungsmodul ausgestattete Auflieger wurde von der Gloria Fahrzeugbau Bierewirtz (Grevenbroich) gebaut. In diesem Fahrzeug kann die vorgeschriebene jährliche Belastungsübung der Atemschutzgeräteträger durchgeführt werden. Die Ausstattung entspricht derjenigen der ebenfalls vorhandenen ortsfesten Übungsstrecke und weist alle erforderlichen Einrichtungen wie Endlosleiter und Hammerziehgeräte, Fahrradergometer, Laufbänder und Kriechstrecke auf *(thw)*

Als PKW nutzt die BF Reutlingen diesen VW Caddy Life Ecofuel (mit kombiniertem Erdgas-/Benzinantrieb) seit 2008. Den Ausbau übernahm die Firma Defcon (Metzingen)
(tho)

Einen neuen PKW auf Basis des VW Caddy Life TDI mit kurzem Radstand, der für Besorgungs- und Kontrollfahrten dient, beschaffte die Werkfeuerwehr Salzgitter AG am Standort Salzgitter im Jahr 2008. Ersetzt wurde ein zwölf Jahre alter VW Golf 3
(thw)

Zwei baugleiche PKW auf Basis des VW Fox ohne Sondersignaleinrichtungen erhielt die BF Braunschweig Ende 2008. Aus Kostengründen wurde die silbermetallicfarbene Lackierung lediglich mit einigen roten Folien versehen
(thw)

Die Fahrschule der Landesfeuerwehrschule Hamburg erhielt 2008 als Ersatz für zwei Fahrschulwagen (FSW) aus dem Jahr 1989 je einen FSW auf der Basis des MB Atego 1529 LL. Um die FSW universeller einsetzen zu können, verfügen sie statt eines fest aufgebauten Koffers über eine Wechselpritsche der Firma Wille *(mgh)*

Für Erkundungsaufgaben in schwerem Gelände wird der 2009 beschaffte Polaris Ranger RZR 800 E des Feuerwehrtechnischen Zentrums des Kreises Düren eingesetzt. Das Fahrzeug wird als Mehrzweckfahrzeug MZF geführt. Es verfügt über einen Ottomotor mit einer Leistung von 20 PS *(thw)*

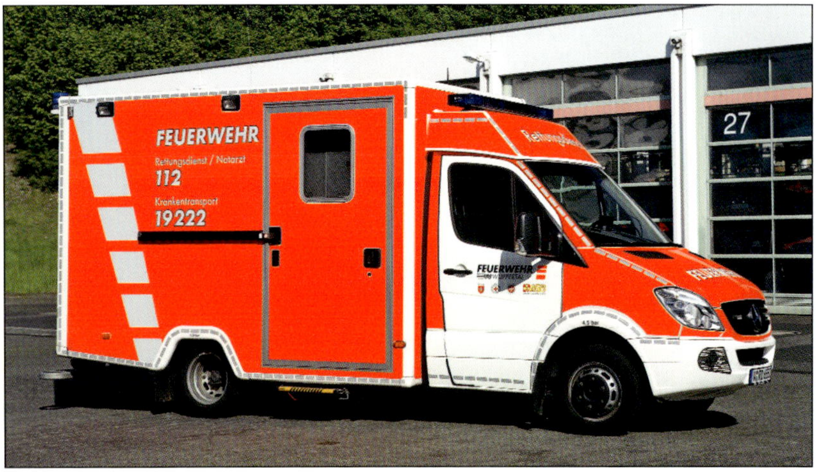

Die BF Wuppertal hat Teile des RTW-Fuhrparks erneuert. Im Jahr 2009 wurden fünf Fahrzeuge mit WAS-Aufbauten auf MB Sprinter 515 CDI-Fahrgestellen beschafft. Neufahrzeuge werden in Wuppertal seit 2006 konturbeklebt
(kli)

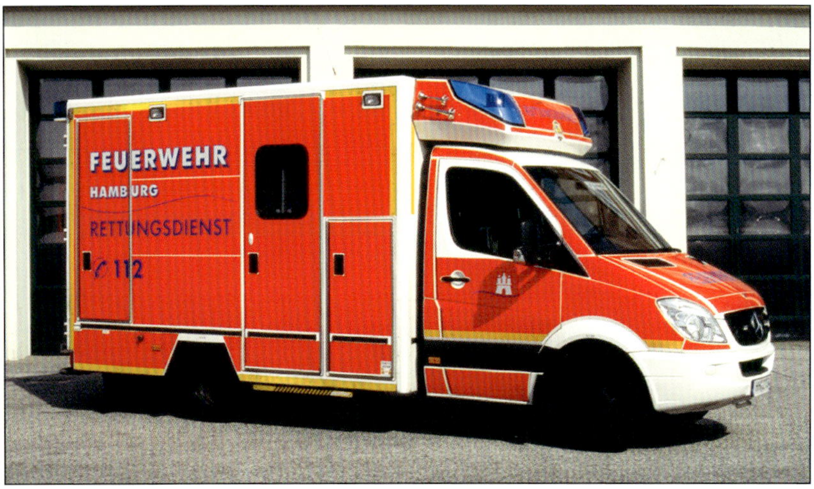

Eine neue Generation von RTW hat die BF Hamburg 2009 eingeführt. Die von Fahrtec gebauten RTW basieren erstmals auf dem MB Sprinter 515 CDI mit einer Motorleistung von 150 PS. Sie verfügen über Retarder und Luftfederung vorn und hinten. Die umfangreiche Ausstattung umfasst Klimaanlage, Rückfahrkamera, Navigationssystem und eine neue optische Warnanlage von Hänsch in LED-Technik. Außer der elektronischen Warnanlage sind zusätzlich vier Martin-Pressluftfanfaren vorhanden. Äußerlich ist die neue RTW-Generation an der blauen Beschriftung und der gelben Konturmarkierung erkennbar
(mgh)

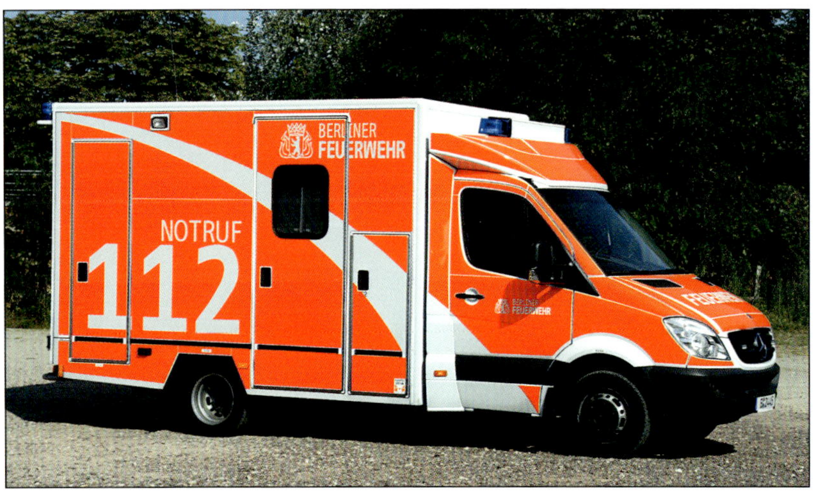

Auch die Berliner Feuerwehr beschaffte 2009 eine neue RTW-Generation: Fahrtec baute die Fahrzeuge auf einem MB Sprinter 515 CDI mit Luftfederung auf. Die Fahrzeuge – hier der RTW der Feuerwache Tiergarten – trägt bereits das neue Corporate Design der Berliner Feuerwehr
(tho)

GSF (Twist) baute diesen RTW auf einem MB Sprinter 518 CDI für die Werkfeuerwehr des Flughafens Stuttgart aus. Baujahr: 2008
(tho)

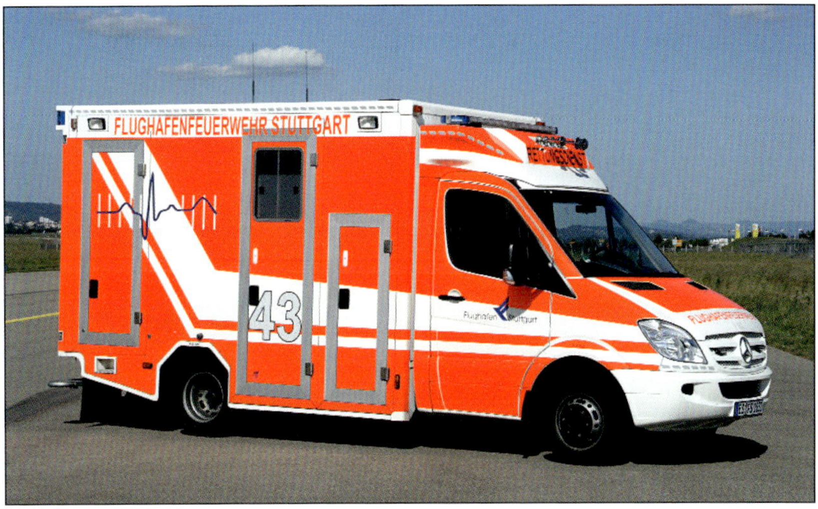

Im Rahmen der kontinuierlichen Ersatzbeschaffungen hat Fahrtec Systeme im Jahr 2008 drei RTW auf MB Sprinter 518 CDI-Fahrgestellen (Radstand 3900 mm) an die BF Hannover geliefert. Das abgebildete Fahrzeug ist an der Feuer- und Rettungswache 4 (Tönniesberg) stationiert. Die Hinterachse ist luftgefedert. Die optische Warnanlage ist mit der LED-Technik ausgestattet
(kli)

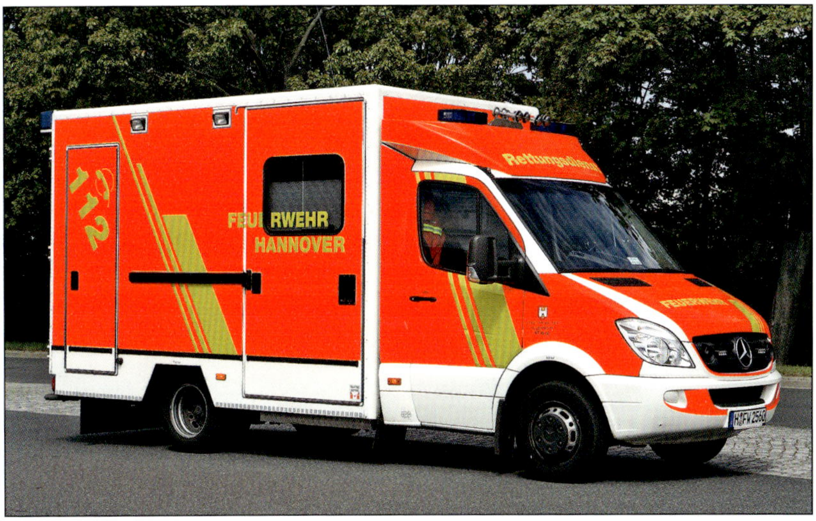

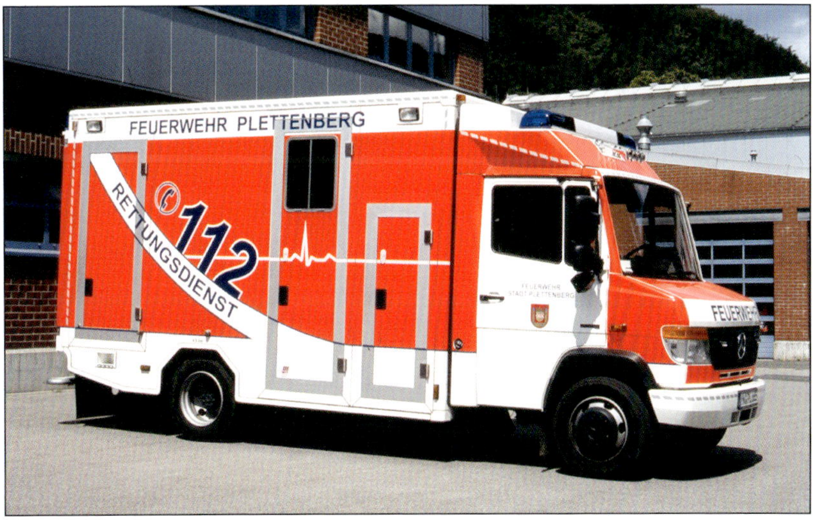

Für den Rettungsdienst der Stadt Plettenberg erhielt die Feuerwehr Plettenberg (Nordrhein-Westfalen) einen RTW auf dem Fahrgestell MB Vario 818 D mit Luftfederung an der Hinterachse. Koffer und Innenausbau stammen von GSF
(mgh)

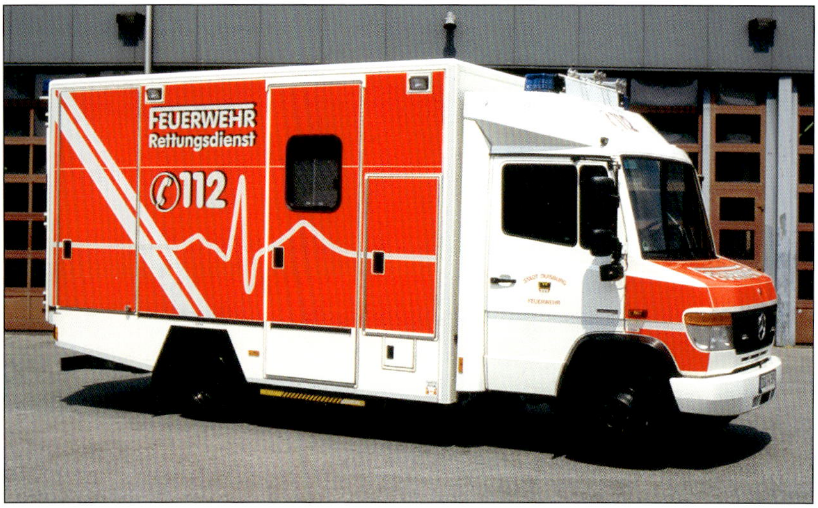

Hauptsächlich zum Transport übergewichtiger Patienten setzt die BF Duisburg diesen Sonder-RTW ein, den Fahrtec 2008 auf der Basis des MB Vario 818 D baute. Mithilfe der Bär-Ladebordwand „Cargolift“ an der Rückseite kann ein komplettes Krankenhausbett eingeladen werden *(mgh)*

Ein sehr ungewöhnliches NEF auf der Basis eines VW Golf Variant TDI setzte die BF Salzgitter ab Mitte 2008 ein Jahr lang testweise ein; zuvor war es während der Messe RETTmobil in Fulda der Öffentlichkeit vorgestellt worden. Das Fahrzeug war von Ambulanz Mobile (für Volkswagen) ausgebaut worden. Mittlerweile ist der einjährige Versuch beendet *(thw)*

Einen VW Tiguan 2,0 TDI (140 PS) in der Ausführung „Track&Field“ beschaffte die BF Göttingen im Jahre 2008. Wie beim Kommandowagen auf der Basis des gleichen Fahrgestelltyps wurde der Ausbau durch die Firma Wegener (Kassel) gefertigt *(thw)*

Diesen VW Transporter mit 2,5-Liter-Dieselmotor und 130 PS und kurzem Radstand stellte die BF Salzgitter (Niedersachsen) Anfang 2008 in Dienst. Den Ausbau zum NEF besorgte die Firma GSF Sonderfahrzeugbau in Twist
(thw)

Gleich fünf baugleiche NEF beschaffte die BF Hannover im Jahre 2008. Die MB Vito 114 CDI 4x4 wurden von TDS Invents ausgebaut. Im Gegensatz zum VW T5 4motion verfügen die Allradversionen des Mercedes-Benz Vito im Vergleich zu den frontgetriebenen Ausführungen über eine deutlich höhere Bodenfreiheit
(thw)

Diesen FRAP stellte die WF Bosch, Waiblingen (Baden-Württemberg), im Jahr 2008 in Dienst. Das ehemalige Vorführfahrzeug ist der erste FRAP in Deutschland. Magirus baute das Fahrzeug auf einem Iveco Daily 50 C 13 auf. FRAP steht für Fire, Rescue, Ambulance, Personal und bezeichnet ein Mehrzweckfahrzeug für die Brandbekämpfung, zur technischen und medizinischen Rettung sowie zum Personaltransport. Im Heck ist ein Patientenbehandlungsraum mit RTW-Ausstattung eingebaut. Die löschtechnische Ausrüstung besteht neben der feuerwehrtechnischen Beladung aus einem 200 Liter fassenden Löschwasserbehälter, einer Callies-Hochdrucklöschanlage und einem fest eingebauten 2-kVA-Stromerzeuger
(tho)

Rehabs

Immer häufiger beschaffen Feuerwehren – und dies gilt nicht nur für betriebliche Feuerwehren – gebrauchte, gut erhaltene oder modernisierte Fahrzeuge oder bauen Fahrzeuge vollständig für neue Einsatzzwecke um. Diese Fahrzeuge werden im Englischen als „Rehab", der Kurzform für „rehabilitation" (Instandsetzung), bezeichnet. Solche meist hochinteressanten und für die Feuerwehren kostengünstigen Lösungen werden nachfolgend vorgestellt. Auch hier gilt, dass die Indienststellung in den vergangenen zwei Jahren vor Redaktionsschluss erfolgt sein muss. Unter dem Begriff „Rehab" werden im Jahrbuch drei verschiedene Formen zusammengefasst:

1) Indienststellung eines zuvor zivilen Fahrzeugs bei einer Feuerwehr nach Umbau;

2) Indienststellung eines gebrauchten, bei einer anderen Feuerwehr ausgemusterten Fahrzeuges bei einer Feuerwehr;

3) Massiver Umbau mit Auswirkungen auf das äußere Erscheinungsbild, den Einsatzwert oder den Einsatzzweck.

Aus einem ehemaligen Rettungswagen der BF Braunschweig (MB Sprinter 312 D, Strobel, Baujahr 1998) baute die FF der Samtgemeinde Sickte (Niedersachsen) von 2008 bis 2009 in Eigenleistung und mit geringen finanziellen Mitteln diesen Einsatzleitwagen. Das Fahrzeug verfügt über fünf fest eingebaute Funkgeräte (2 x 2-m-Band, 3 x 4-m-Band), ein eingebautes und vier tragbare Telefone, Telefaxgerät, Fotokopierer und Laptop mit Datenbanken. Rechts an der Schiebetür und hinten am Atemschutzüberwachungsplatz können Zelte angebaut werden. Für eine wirksame Ausleuchtung der Einsatzleitstelle sorgt ein Powermoon-Beleuchtungsballon *(thw)*

Am Aufbau dieses TLF 16/25-1,2 der FF Bargenstedt (Schleswig-Holstein) ist ein Baribbi-Schriftzug erkennbar. Thoma hat dieses generalüberholte Fahrzeug 2008 geliefert (2500 Liter Wasser, 120 Liter Schaummittel, FP 16/8 Jöhstadt, hydraulischer Hilfeleistungssatz) *(kli)*

Eines der insgesamt vier Schlingmann-LF 24 der BF Wuppertal, die zwischen 1983 und 1991 geliefert worden sind, ist nach der Aussonderung und Überholung von einem bayerischen Händler (Brandschutztechnik Brunntaler) 2009 an die FF Friedrichskoog (Schleswig-Holstein) geliefert worden. Das abgebildete Fahrzeug (MB 1735 F, Baujahr 1991) trug ursprünglich die Zulassung W-6112. Der Löschwasserbehälter ist auf ein Fassungsvermögen von 3000 Litern vergrößert worden *(kli)*

Die WF Kernkraftwerk Gundremmingen (Bayern) hat Ende 2008 dieses WLF auf Volvo FL 7 42R 4x2 Intercooler mit Hiab-Aufbau in Dienst gestellt. Das 1994 gebaute Fahrzeug diente bisher als Vorführfahrzeug der Firma Kuikens Hytrans Fire System. Ein entsprechender Abrollbehälter der Werkfeuerwehr (Baujahr 2008) ist verlastet *(tho)*

Ein FLF des Rosenbauer-Typs „Panther" übernahm der Braunschweiger Flughafen im Frühjahr 2009. Das 2006 gebaute Fahrzeug lief bis zu dessen Schließung am Flughafen Berlin-Tempelhof (Nr. 7, Kennzeichen B-HE 1923). Vor der Indienststellung in Braunschweig wurde das FLF mit einer Nachlauflenkachse ausgerüstet. An Löschmittel werden 11 700 Liter Wasser, 1500 Liter Schaummittel, 250 kg Pulver und 120 kg Kohlendioxid mitgeführt *(thw)*

Die Firma Thoma baute ein ehemaliges LF 24 der BF Salzgitter auf MAN 19.262 FA mit Ziegler-Aufbau (Baujahr 1991) zum Rüstwagen um. Das Fahrzeug wurde vom Kreis Düren (Nordrhein-Westfalen) gekauft und am Feuerwehrtechnischen Zentrum des Kreises in Stockheim als RW 2 stationiert. Die Feuerlöschkreiselpumpe FP 24/8, der 2000-Liter-Löschwasserbehälter und der 400-Liter-Schaummittelbehälter wurden beibehalten *(thw)*

Neuheiten international

von Jochen Thorns

„Neuheiten international“ – dies ist der berühmte Blick über den Tellerrand. Er soll den Feuerwehrangehörigen und Fahrzeuginteressierten in Deutschland Ideen und Konzepte der benachbarten Feuerwehren vorstellen, Anregungen geben und Entwicklungen im benachbarten europäischen Ausland aufzeigen. Außerdem soll in diesem Kapitel in lockerer Folge auch immer wieder einmal ein interessantes Export-Fahrzeug für das außereuropäische Ausland vorgestellt werden, das von einem Aufbauhersteller aus dem deutschsprachigen Raum ausgeliefert worden ist. In diesem Jahr handelt es sich um einen interessanten „MultiStar“ von Iveco Magirus Brandschutztechnik für China.

Auch in diesem Jahr ist es gelungen, einen breiten Querschnitt neu in Dienst gestellter Einsatzfahrzeuge der Feuerwehren in Europa zu präsentieren, wobei der Schwerpunkt in Dänemark und Österreich liegt. Aber auch Belgien, Frankreich und die Schweiz sind vertreten. Als neue Fahrzeuge werden dabei alle Fahrzeuge bezeichnet, die bei Redaktionsschluss im Sommer 2009 vor nicht mehr als zwei Jahren in Dienst gestellt worden sind.

Dank für die Unterstützung gilt Klaus Fischer, Hans-Joachim Profeld und Olaf Huth (alle Deutschland) sowie Henri de Beul (Belgien).

Rettungswagen (VSAV), Renault Master 120 dCi, Fw La Souterraine, Aufbau: Picot, Baujahr: 2008 *Foto: Jochen Thorns*

CCFM (Mittleres Waldbrandtanklöschfahrzeug), MB U 5000, Fw St. Ambroix, Aufbau: Camiva, Baujahr: 2008, Pumpe: FPN 15-1000, Löschwasserbehälter: 4000 l, Schaummitteltank: 60 l, Barclet-Seilwinde 60 kN *Foto: Jochen Thorns*

DLA (K) 23/12 CS GL-T, Volvo FLL 280 4x2, Fw Sint Niklaas, Aufbau: Vanassche, Baujahr: 2008, fest eingebauter 9-kVA-Generator, Korbwerfer: Turbo Pons (2000 l/min) *Foto: Henri De Beul*

HTLF, MAN TGM 15.280, Fw Beveren (Feuerwache Kieldrecht), Aufbau: Fire Technics mit Rosenbauer AT2-Aufbau, Baujahr: 2009, Pumpe: FPN 10-3000 (NH30), Wassertank: 2500 l, Schaummitteltank: 100 l (Class A) + 400 l (Class B), fest eingebauter 5-kVA-Generator. Zur weiteren Ausstattung gehören ein Lichtmast und hydraulische Rettungsgeräte *Foto: Henri De Beul*

TW 12000, MB Actros 2636 6x2, FF Duffel, Aufbau: Vanassche, Baujahr: 2008, Pumpe: FPN 15-1000, Wassertank: 12 800 l

Foto: Henri De Beul

WLF, Scania R420 CB 8x4 MNZ, FF Puurs, Aufbau: Scania/Eigenbau, Baujahr: 2008. Aufgesattelt ist ein AB-Schlauch (3000 Meter Schlauch 200 mm, Aufbau: HFS)

Foto: Henri De Beul

GW, VW Crafter, FF Duffel, Aufbau: Dias, Baujahr: 2009, Fest eingebauter 5-kVA-Generator, Tauchpumpen, Mast-Allzweckpumpen, Baustützen mit Zubehör

Foto: Henri De Beul

WLF, Iveco Daily 65 C 18 (Achleitner-Allradantrieb), Fw Biberist, Aufbau: Feumotech, Hakengerät: Palfinger, Baujahr 2008. Aufgesattelt ist der Abrollbehälter Atemschutz (Beladung: zwei Rollwagen mit je zwölf Atemschutzgeräten, ein Rollwagen mit Reserveflaschen und Unterlagen für die Atemschutzüberwachung und Einsatzleitung, Hersteller Feumotech) *Foto: Klaus Fischer*

Pikettfahrzeug, MB Atego 1429 AF, Fw Wohlen, Aufbau: Rosenbauer, Baujahr: 2008 (Indienststellung 2009), fest eingebauter 20-kVA-Generator, Warn-Seilwinde 68 kN. Der hydraulische Rettungssatz befindet sich im heckseitigen Geräteraum auf einem hydraulisch absenkbaren Lift. Neben vier Atemschutzgeräten und Rüstmaterial findet sich Ausrüstung für Wasserschäden und Ölwehreinsätze auf dem von Rosenbauer als RW gekennzeichneten Fahrzeug *Foto: Klaus Fischer*

HLF 2000-200, IM 140 E 30 WD, BF Graz, Aufbau: Lohr-Magirus, Baujahr 2008, Normal-/Hochdruckpumpe EFPH 230 (2400 l/min bei 10 bar beziehungsweise 400 l/min bei 40 bar); Wassertank: 2000 l, Schaummitteltank: 200 l, Lichtmast (4 x 1000 Watt), Besatzung 1/5

Foto: Hans-Joachim Profeld

RLF-T 3000/200, MAN TGA 18.400 4x2, FF Dornbirn, Aufbau: Empl, Baujahr 2008. Pumpe: NP 3000 (PF Jöhstadt), Wassertank: 3000 l, Schaummitteltanks: 150 l + 50 l; fest eingebauter 20-kVA-Generator, Lichtmast (2 x 1500 Watt) zusätzlich Leuchtballon, Besatzung: 1/7. Frontseitig Werfer und C-Abgang. Zusatzbeladung: hydraulischer Rettungssatz, am Heck zwei Einpersonen-Haspeln (Schlauchmaterial + Verkehrsabsicherung)

Foto: Hans-Joachim Profeld

TLFA 4000/200, MB Axor 1833 A, FF Zettling, Aufbau Rosenbauer, Baujahr 2008, Normal-/Hochdruckpumpe NH 30 (3000 l/min bei 10 bar beziehungsweise 400 l/min bei 40 bar), Wassertank: 4000 l, Schaummitteltank 200 l, Dachwerfer 2400 l/min, Lichtmast (4 x 1500 Watt), Rotzler-Seilwinde 50 kN, frontseitig Hochdrucksprühbalken, Besatzung 1/8. Es handelt sich um das erste MB Axor-Feuerwehrfahrzeug in der Steiermark *Foto: Hans-Joachim Profeld*

SRF (Schweres Rüstfahrzeug), MAN TGS 18.360 BL/4x4, Oö-Landes-Feuerwehrverband (Linz), Aufbau: Rosenbauer, Baujahr 2008, Rotzler-Seilwinde 80 kN, Hiab-Ladekran XS 166-5 HIPRO (Reichweite 15,1 m, Kranseilwinde Hubkraft 2,3 t auf der ersten Seillage), fest eingebauter 40-kVA-Generator, Lichtmast „Flexilight" mit sieben 35-Watt-/24-Volt-Xenon-Scheinwerfern im Aufbau *Foto: Hans-Joachim Profeld*

ASF (Atemschutzfahrzeug), Mercedes-Benz Vario 818 DA, FF Vöcklamarkt, übernommen 2008, Ausbau: Rosenbauer. Im Rahmen einer Landesbeschaffung (Katastrophenschutz) erneuerte der Landesfeuerwehrverband von Oberösterreich die in den Bezirken stationierten ASF mit diesem neuen Typ *Foto: Hans-Joachim Profeld*

TMB 54 (F 54 RLX), Volvo FM 8x4, BF Graz, Aufbau: Bronto Skylift, Baujahr 2008, Arbeitshöhe 54 m, maximale Korblast 540 kg (6 Personen) *Foto: Hans-Joachim Profeld*

VLF, MB Sprinter 518 CDI, FF Sønderborg (Feuerwache Sønderborg), Ausbau: Eigenausbau/CMC, Baujahr: 2009, Wassertank: 300 l, zwei Pressluftatmer. Das Fahrzeug rückt mit einer Stärke von bis zu 1/3 aus

Foto: Olaf Huth

TLF, Volvo FL 280, Falck Nyborg, Aufbau SAWO/HFN, Baujahr: 2008, Wassertank: 2300 l, Pumpe: Ruberg R 30 (3000 l/min bei 10 bar). Das Fahrzeug lässt sich aufgrund der Vollluftfederung in der Höhe regulieren

Foto: Olaf Huth

TLF, MB Atego 1829, Fw Vejle (Feuerwache Hedensted), Aufbau: GKV/Szyczeniak, Baujahr: 2008, Wassertank: 2400 l, Pumpe: Ziegler FPN 10-2000-2H/FPH 40-250, Lichtmast: 2 x 1000 W, hydraulischer Rettungssatz *Foto: Olaf Huth*

TW 8000, MB Axor 1829, Fw Vejle (Feuerwache Hedensted), Aufbau: Ribe Karosseriefabrik, Wassertank: 8000 l, Pumpe: Tohatsu VS 72 AS (Pumpenleistung: 1300 l/min bei 8 bar). Baujahr: 2008 *Foto: Olaf Huth*

TW 8000, MAN TGM 18.280, Falck Assens, Aufbau: Falck's Centralwerkstatt Kolding, Baujahr: 2009, Wassertank: 8000 l, Pumpe: Tohatsu VS 72 AS (Pumpenleistung: 1300 l/min bei 8 bar). Das Fahrzeug verfügt heckseitig über einen Lichtmast mit zwei 500-Watt-Scheinwerfern

Foto: Olaf Huth

GW/Abschleppwagen, Iveco Daily 65C18, Falck Svendborg, Aufbau: SAWO, Baujahr: 2008

Foto: Olaf Huth

RTW, MB Sprinter 318 CDI, Falck Assens, Ausbau: AMZ-KUTNO, Baujahr: 2009. Das Fahrzeug ist in der neuen landesweiten Rettungsdienst-Farbgebung lackiert
Foto: Olaf Huth

RTW, MB Sprinter 318 CDI, Falck Middelfart, Ausbau: AMZ-KUTNO, Baujahr: 2008
Foto: Olaf Huth

First-Responder, Mercedes ML 320 CDI, Falck Haderslev, Ausbau: Falck's Centralwerkstatt Århus/BS Support, Baujahr: 2009. Das Fahrzeug ist das erste seiner Art im neuen landesweiten Design. Das Fahrzeug löst das im Jahrbuch 2006 (Seite 97 unten) abgebildete Fahrzeug ab
Foto: Olaf Huth

NEF, MB ML 320 CDI 4x4, Falck Århus, Ausbau: Falck's Centralwerkstatt Århus, Baujahr: 2008. Das Fahrzeug löst das im Jahrbuch 2006 (Seite 96 unten) abgebildete Fahrzeug ab
Foto: Olaf Huth

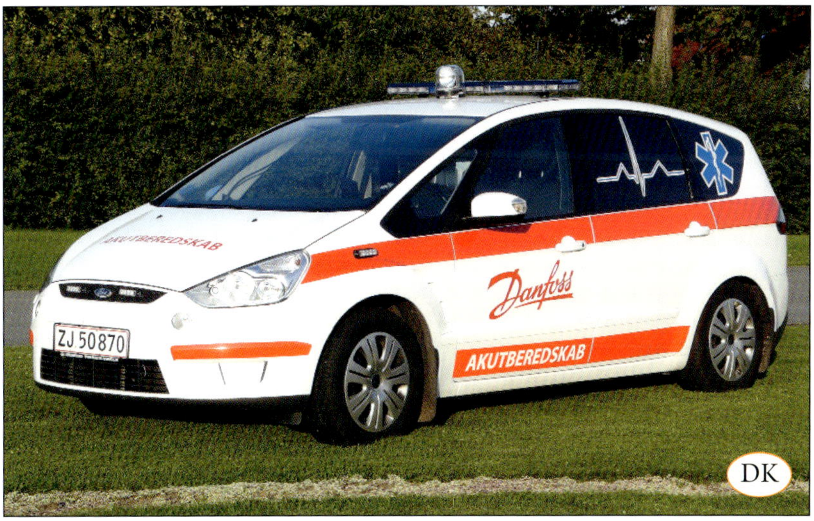

First-Responder, Ford Focus S-Max Trend 2,3i, Werksicherheit/Werkfeuerwehr Danfoss Nordborg, Ausbau: Ribe Karosseriecenter, Baujahr: 2008. Das Fahrzeug kommt in der zivilen Notfallrettung als First-Responder in Nordalsen zum Einsatz
Foto: Olaf Huth

MZF, Ford Focus S-Max 2,3 Trend TDCi, Werksicherheit/Werkfeuerwehr Danfoss Nordborg, Ausbau: Ribe Karosseriecenter, Baujahr: 2008. Das Fahrzeug dient gleichzeitig als Reservefahrzeug für den First-Responder
Foto: Olaf Huth

KdoW, VW Caddy 2.0 TDI 4-motion, BF Vejle, Baujahr: 2008
Foto: Olaf Huth

KdoW, Mercedes ML 320 CDI, Einsatzleitdienst West der Feuerwehr Haderslev (Feuerwache Vojens), Eigenausbau, Baujahr: 2008. Das Fahrzeug verfügt über First-Responder Ausstattung
Foto: Olaf Huth

KdoW, Suzuki Grand Vitara, Flughafenfeuerwehr Odense, Eigenausbau, Baujahr: 2008
Foto: Olaf Huth

GW-Wasserrettung/MZF, Peugeot Boxer 2,2 HDI, FF Sønderborg (Feuerwache Havnbjerg; Sonderkomponente Seenotrettung), Ausbau: Eigenausbau, Baujahr: 2008. Das Fahrzeug verfügt über einen Funkarbeitsplatz ist gleichzeitig Zugfahrzeug für das Rettungsboot
Foto: Olaf Huth

ELW1, VW T5 TDI 4-motion, Beredskabsstyrelsen's Teknisk Skole Tinglev, Ausbau: Hårby Karosserifarbik, Baujahr: 2009
Foto: Olaf Huth

KdoW, Peugeot Partner, Beredskabsstyrelsen's Teknisk Skole Tinglev, Baujahr: 2008 *Foto: Olaf Huth*

HULF „MultiStar", MAN TGM 18.280 4x2 BB, Fw Shanghai, Aufbau: Magirus, Baujahr: 2009, Wassertank: 1200 l, Schaummitteltank: 125 l, Pumpe: FPN 10-2000, Pumpenvormischer IFP 480, Warn-Seilwinde 54 kN, Arbeitshöhe 32 m; zulässiges Gesamtgewicht: 18 300 kg

Der Kommandowagen

nach den Technischen Weisungen Nr. 4 und Nr. 4/1 des niedersächsischen Innenministeriums

von Thorsten Waldmann

Im Sommer 1975 wüten in der niedersächsischen Heide in den Landkreisen Celle, Gifhorn und Lüchow-Dannenberg heftige Wald- und Flächenbrände. Die örtlichen Feuerwehren, aber auch Einsatzkräfte aus ganz Niedersachsen sind – nicht zuletzt wegen der sehr ungünstigen Wetterlage – schnell mit der Bekämpfung der Katastrophe überfordert. Erst der Einsatz von 3000 Feuerwehrleuten aus dem ganzen Bundesgebiet, 11 000 Bundeswehrsoldaten, Polizeibeamten, Grenzschützern, Zoll- und Forstbeamten und Zivilisten, ja sogar von Löschflugzeugen aus Frankreich bringt nach zehn Tagen und mit dem Einsatz von etwa 34 000 Kräften und 4800 Fahrzeugen endlich den durchgreifenden Erfolg bei der Brandbekämpfung.

Die Bilanz der Heidebrand-Katastrophe ist verheerend: Fünf Feuerwehrleute aus Fallersleben und Hohenhameln verbrennen bei Meinersen mit ihrem TLF 8, der Gifhorner Kreisbrandmeister Friedrich Meyer verstirbt im Einsatz an einem Herzinfarkt. Und 13 000 Hektar Heide- und Moorland sowie 15 Gebäude sind zerstört.

Der große Heidebrand offenbarte zum Teil erhebliche Mängel im Bereich der Führungsstrukturen der Feuerwehren des Landes. Diese sollen nicht Gegenstand diese Beitrages sein, insoweit gibt es mehrere Veröffentlichungen. Doch auch die Fahrzeugausstattung hatte sich in mehreren Bereichen als unzureichend erwiesen. Besonders negativ wirkte sich die zu geringe Anzahl geländegängiger Tanklöschfahrzeuge aus, aber auch das Fehlen beweglicher Befehlsstellen für die Einsatzleitungen hatte zu einigen Problemen geführt.

Nach der Auswertung der verheerenden Brandkatastrophe reagierte das niedersächsische Ministerium des Innern schnell. Auf dem Erlaßwege ergingen Technische Weisungen* für ein Tanklöschfahrzeug 8, Sonderausführung Waldbrandbekämpfung (TLF 8 (W), TW Nr. 3), für einen Kommandowagen als mo-

* im folgenden auch TW genannt

Der Kommandowagen des Landkreises Wolfenbüttel basiert auf einem Mercedes-Benz O 309/41 mit breiter Karosserie. Das Fahrzeug wurde 1981 gebaut und von der Firma Bode an den Landkreis ausgeliefert

Der KdoW der Niedersächsischen Landesfeuerwehrschule Celle wurde 1997 an die FF Celle-Hauptwache abgegeben. Es handelt sich um einen MB O 309/35 mit E.N-Ausbau für Bode, Baujahr 1978. Das Fahrzeug ist parallel zum 2009 übernommenen ELW 2 (siehe Neuheiten Deutschland) noch im Dienst

bile Einsatzleitstelle (KdoW, TW Nr. 4) und schließlich für Löschwasser-Außenlastbehälter für Hubschrauber (TW Nr. 6)

Der vorliegende Beitrag stellt den Kommandowagen nach der Technischen Weisung Nr. 4 vor, die als Runderlaß des niedersächsischen Ministeriums des Innern am 23. Juni 1977 erging.

Der Runderlaß

Beim Kommandowagen nach der TW Nr. 4 handelte es sich um ein Fahrzeug zur Aufnahme von zwei Feuerwehrmännern (SB) und einer Beladung nach der Technischen Weisung (Fernmeldeeinrichtungen und zusätzliche Ausrüstung). Er verfügte über Arbeitsräume für die Einsatzleitung und für Hilfskräfte (Sprechfunker).

Als Fahrgestell war ein serienmäßiges Fahrgestell mit Straßenantrieb zu verwenden, das zulässige Gesamtgewicht durfte 6000 kg nicht überschreiten. Die Verwendung eines serienmäßigen geschlossenen Aufbaus war vorgeschrieben, wobei Seitenfenster, teilweise „öffenbar" (!) vorzusehen waren. Die Abmessungen waren wie folgt festgelegt worden (Größtmaße):

Länge	7000 mm
Breite	2200 mm
Höhe	2200 mm

Der Innenraum des geschlossenen Aufbaus war durch eine feste Trennwand in einen Arbeitsraum für die Einsatzleitung (Besprechungsraum) und einen Arbeitsraum für Sprechfunker (Funkraum) aufzuteilen; beide Räume waren durch eine Schiebetür mit Sichtfenster zu verbinden.

Die Stehhöhe mußte mindestens 1,90 m betragen, die nutzbare Länge des Innenraumes mindestens 4,00 m. Der Besprechungsraum war mit einem Tisch und fünf dazugehörigen Sitzgelegenheiten auszustatten, wobei die Sitze als Sitzbänke auszubilden waren. Der Funkraum war mit zwei fest eingebauten Funktischen und den dazugehörigen Sitzen zu versehen. Dabei waren die Fernmeldebedienplätze so zu bemessen und zu gestalten, daß die Sprechfunker ihre Tätigkeit auch über einen längeren Zeitraum bei voller Auslastung durchführen können.

An der rechten Außenseite waren Befestigungseinrichtungen zum Anbau eines Vorzeltes vorzusehen, welches zum einen den Zugang zum Innenraum bei ungünstigen Witterungsverhältnissen schützen und zum anderen als Zusatzraum für die Einsatzleitung und die Sprechfunker zur Verfügung stehen sollte. Außerdem konnten hier Melder abgefertigt und Zivilpersonen betreut werden.

Eine Außenlautsprecheranlage, bestehend aus mindestens zwei Lautsprechern auf gemeinsamem Sockel, war ebenso vorgeschrieben wir eine Dachgalerie mit fest montiertem Aufstieg. Zudem mußte das Fahrzeug über einen fest eingebauten, ausschiebbaren Antennenmast von 8 m Höhe verfügen. Daneben waren im Kommandowagen eine bewegliche Antennenmastanlage von 8 m Höhe mit Stativ, Abspannvorrichtung und Verlängerungskabel sowie Antennen mitzuführen.

Selbstverständlich war auch eine Mindestausstattung mitzuführender Fernmeldeeinrichtungen vorgeschrieben. Diese umfaßte zwei fest eingebaute Funkgeräte im 4-m-Band, ein fest eingebautes Funkgerät im 2-m-Band, zwei Handsprechfunkgeräte im 4-m-Band, vier Handsprechfunkgeräte im 2-m-Band sowie je eine Schalt- und Besprechungseinrichtung für ein Funkgerät im 2-m-Band und im 4-m-Band. Zudem war eine Feldtelefonanlage mit vier Feldfernsprechern (Feldvermittlung) mit Amtszusatz zur Überleitung ins Amtsnetz und Gebührenzähleinrichtung einschließlich Stromversorgung vorzusehen. Zwei Kassettenrekorder zur Aufnahme des ankommenden und des abgehenden Funkverkehrs im 4-m-Band sowie ein „tragbares Rundfunkgerät, geeignet zum Empfang von UKW-Rundfunksendungen, einschließlich Stromversorgung“ ergänzten die Ausstattung.

Die Stromversorgung des Kommandowagens wurde durch einen mindestens 5 kVA leistenden tragbaren Stromerzeuger sichergestellt. Für alle Kabelverbindungen nach außen waren Steckverbindungen vorzusehen; alle Steckverbindungen nach außen

Einige Feuerwehren kauften ELW 2, die nicht genau nach der TW Nr. 4 gebaut waren, sich jedoch an diese anlehnten. Hier der ELW 2 der FF Dissen auf MB O 309/35 mit Schlingmann-Aufbau

Foto: Dr. Andreas Klingelhöller

Der Geräteraum des Kommandowagens des Landkreises Cuxhaven (FTZ Schiffdorf) ist mit einem bis unter das Dach reichenden Rolladen verschlossen. Mercedes-Benz O 309/35, Ausbau für Bode *Foto: Klausmartin Friedrich*

mußten zusammengefaßt auf der rechten Fahrzeugseite hinten – besonders gekennzeichnet – angebracht werden.

Im Geräteraum waren zwei Flutlichtstrahler 1000 W mit Stativ und Zubehör sowie Leitungstrommeln, Handscheinwerfer und zwei Leuchten für rotes Dauerlicht (Sturmlaternen) mitzuführen.

Durch weiteren Runderlaß des Niedersächsischen Ministeriums des Innern vom 19. Juni 1978 erging die TW Nr. 4/1, die einige ergänzende Regelungen enthielt. So wurde hierin festgelegt, daß als KdoW auch „Fahrzeuge mit serienmäßigen Aufbauten verwendet werden [dürfen], die mit großen Hecktüren ausgestattet sind." Für diese Bauform wurde dort mit zwei Skizzen eine Innenraumaufteilung in Fahrerraum, Besprechungsraum (mittig), Geräteraum (heckseitig) und Funkraum (zwischen Besprechungs- und Geräteraum) vorgegeben.

Mit Wirkung zum 29. Oktober 2001 wurden die Technischen Weisungen Nr. 4 und Nr. 4/1 außer Kraft gesetzt.

Aus heutiger Sicht mag es verwundern, daß Niedersachsen eine eigene Bauvorschrift für eine mobile Einsatzleitstelle erließ. Dies läßt sich jedoch leicht dadurch erklären, daß einerseits der Bedarf für ein solches Fahrzeug erkannt worden war, andererseits aber noch keine bundesweite Norm hierfür existierte (das DIN-Normblatt für den ELW 2 wurde erst im September 1984 veröffentlicht).

Bedauerlicherweise wurden die eigentlich „besetzte" Bezeichnung „Kommandowagen" und die zugehörige Abkürzung „KdoW" durch den Fachnormenausschuß Feuerwehrwesen FNFW bei der Überarbeitung der Normen für Einsatzleitfahrzeuge im Juli 1999 erneut vergeben – nur leider für einen völlig anderen Fahrzeugtyp, nämlich für ein Führungsfahrzeug ohne Besprechungsraum. Dies geschah zu

Sehr ungewöhnlich wirkt der KdoW, den Arve für den Landkreis Schaumburg baute. Neben den Arve-typischen Zierleisten trägt hierzu vor allem das „fehlende" hintere Seitenfenster bei. MB O 309/35, Baujahr 1978

Foto: Klausmartin Friedrich

Ein rollendes Postamt bildete die Basis für den Kommandowagen des Landkreises Verden. Der MB O 309/35 wurde in den Werkstätten der FTZ ausgebaut. Es handelt sich um einen der zuletzt gebauten KdoW (Baujahr 1985)

Foto: Klausmartin Friedrich

Auf dem längeren Radstand von 4100 mm basiert der KdoW des Landkreises Nienburg/Weser. Das Fahrzeug wurde 1979 von Schlingmann gebaut. Ein bis auf die Lackierung in RAL 3024 exakt baugleiches Fahrzeug erhielt im selben Jahr die BF Braunschweig

Foto: Klausmartin Friedrich

Bereits 1978 wurde der von Schlingmann ausgebaute Kommandowagen des Landkreises Northeim gebaut. Auch dieses Fahrzeug ist ein Mercedes-Benz O 309/41

Den an der Feuerwehrtechnischen Zentrale stationierten Kommandowagen des Landkreises Goslar lieferte Schlingmann im Jahr 1978, Basis war ein MB O 309/41 mit langem Radstand

Ungewöhnlich am Kdow des Landkreises Stade ist der an der linken Heckseite angebrachte Funkmast. MB O 309/41, Ausbau Schlingmann, Baujahr 1979
Foto: Klausmartin Friedrich

Für einen Mercedes-Benz O 309/41 mit breiter Karosserie entschied sich die Berufsfeuerwehr Göttingen. Auch dieses Fahrzeug hat einen E.N-Ausbau für Bode, sein Baujahr ist 1979

Auch die Feuerwehr Hannover wählte den breiten Aufbau bei ihrem 1983 gebauten KdoW, der von der Firma Bode geliefert wurde

einem Zeitpunkt, in dem alle oder zumindest die meisten der nach den Technischen Weisungen Nr. 4 und 4/1 des niedersächsischen Innenministeriums gebauten Kommandowagen noch in Dienst gestanden haben müssen. Um der so heraufbeschworenen Begriffsverwirrung aus dem Wege zu gehen, bezeichneten in der Folge fast alle Feuerwehren ihre nach der TW Nr. 4 gebauten KdoW notgedrungenermaßen nunmehr als Einsatzleitwagen ELW 2, obgleich sie möglicherweise nicht in allen Punkten die Norm erfüllten.

Fahrzeuge

Die weitaus größte Zahl an Kommandowagen nach der Technischen Weisung Nr. 4 wurde auf dem auch als Bus angebotenen Transporter von Mercedes-Benz gebaut, der nach seinem Produktionsort allgemein als „Düsseldorfer Transporter" bekanntgeworden ist. Zur Verwendung kamen Mercedes-Benz O 309 mit Radständen von 3500 mm und 4100 mm.

Mehrere Feuerwehren beziehungsweise Landkreise ließen sich ihren Kommandowagen auf der Basis des ab 1980 in Verbindung mit dem längsten Radstand 4100 mm lieferbaren breiteren Variante bauen, die herstellerintern die Bezeichnung „KAV" trug. Bemerkenswert ist dies ist vor allem deswegen, weil dieses Modell mit einer Außenbreite von 2400 mm das in der Technischen Weisung Nr. 4 festgelegte Höchstmaß von 2200 mm deutlich überschritt. Zu nennen sind hier die KdoW der Landkreise Hildesheim und Peine und diejenigen der Berufsfeuerwehren Göttingen, Hannover, Hildesheim, Osnabrück und Salzgitter.

Alle KdoW auf der Basis der Düsseldorfer Transporters verfügten über ein Hochdach, schon weil anders die vorgegebene Stehhöhe von 1900 mm nicht eingehalten werden konnte. Als Ausbauhersteller traten Arve, Baumgarten (Braunschweig), Schlingmann und Thiele (Bremen) in Erscheinung. Einige Fahrzeuge tragen Typschilder von Bode Feuerschutz; jedoch dürfte Bode selbst keines dieser Fahrzeuge ausgebaut haben. Beispielsweise wurde der KdoW der

Selten blieben die Kommandowagen auf der Basis des kleinen Magirus. Der Landkreis Diepholz erhielt 1978 einen Magirus-Deutz 90 D 5,2 F mit Ausbau der ortsansässigen Firma Erich Busch

Foto: Klausmartin Friedrich

Der Landkreis Uelzen bekam 1985 ein vergleichbares Fahrzeug geliefert, allerdings mit Ausbau von Thiele (Bremen). Der Fahrgestelltyp hatte sich mittlerweile leicht geändert: Nun kam ein Magirus-Deutz 90 D 5,3 F zum Einsatz

BF Göttingen, der ein Bode-Typschild aufweist, von der Firma E.N. Elektronik- und Nachrichtentechnik Isernhagen ausgerüstet. Mehrere Kommandowagen wurden schließlich von den Feuerwehren beziehungsweise Feuerwehrtechnischen Zentralen der Landkreise selbst ausgebaut.

Einige Fahrzeuge wiesen karosseriebauliche Besonderheiten auf. Die meisten der nicht mit Hecktüren versehenen (also nicht unter Inanspruchnahme der „Erleichterungen" der TW Nr. 4/1 gebauten) KdoW verfügten unterhalb des Heckfensters über eine Klappe als Zugang zum Geräteraum. Diese Klappen waren im Bereich der rechten Karosseriehälfte seitlich etwas verkürzt, um den ausfahrbaren Antennenmast montieren zu können. Beim von Bode gelieferten KdoW des Landkreises Cuxhaven wurde ein anderer Weg gegangen und anstelle der Klappe und des Heckfensters ein über gesamte Fahrzeugbreite und bis unter das Dach reichender Rolladen eingebaut. Auch der KdoW der BF Hannover wurde mit einem Heckrolladen ausgeliefert.

Der von Arve ausgebaute KdoW des Landkreises Schaumburg, ein MB O 309/35, fiel optisch dadurch aus dem Rahmen, daß ihm das letzte seitliche Fenster fehlte und sich an dieser Stelle eine Verblechung befand, was dem Wagen ein sehr ungewöhnliches Aussehen verlieh. Und einer der letzten gebauten Kommandowagen nach der Technischen Weisung, das Fahrzeug des Landkreises Verden – ebenfalls ein MB O 309/35 –, entstand in den Werkstätten der Feuerwehrtechnischen Zentrale (FTZ) auf der Grundlage eines ehemaligen fahrbaren Postamtes. Von dieser bewegten Vergangenheit kündete eine verglaste Schiebetür im hinteren Bereich der rechten Fahrzeugseite.

Außer den Kommandowagen auf der Basis des „Düsseldorfer Transporters" gab es aber auch mindestens drei KdoW auf der Basis von Magirus-Deutz-Kastenwagen. Hier fand die Baureihe Verwendung, welche Magirus-Deutz auf dem deutschen Markt ab 1975 als „kleinen Magirus" anbot. Die Modellreihe basierte auf einem Fiat-Fahrgestell, wurde aber mit luftgekühlten Deutz-Dieselmotoren verkauft. Dem Verfasser sind drei dieser Fahrzeuge bekannt, nämlich bei den Landkreisen Uelzen (Magirus-Deutz 90 M 5,3 F) und Diepholz (MD 90 D 5,2 F) sowie bei der FF Lehrte (MD 89 M 5,3 F). Da der kleine Magirus nicht als Bus geliefert wurde, mußten die Aufbauhersteller Fenster in die Kastenwagenkarosserie einbauen, was den KdoW jeweils ein individuelles Aussehen verlieh.

Mittlerweile sind die ersten Kommandowagen nach der Technischen Weisung Nr. 4 außer Dienst gestellt – und in aller Regel durch neue ELW 2 mit Kofferaufbauten ersetzt – worden. In Einzelfällen wurden die Fahrzeuge auch an andere Behörden und Organisationen mit Sicherheitsaufgaben weitergegeben. So dient der ehemalige KdoW der BF Salzgitter mittlerweile dem Katastrophenschutz der Stadt Salzgitter und wird vom ASB betrieben. Der Kommandowagen der BF Osnabrück wurde an die Polizeidirektion Osnabrück abgegeben, wogegen das Fahrzeug der Feuerwehr Braunschweig 2000 zu einer Werkfeuerwehr im Rhein-Main-Gebiet gelangte, die ihn noch einige Jahre als Reserve-Einsatzleitwagen nutzte. Der KdoW der BF Hannover läuft seit 2000 und bis heute bei der FF Neustadt am Rübenberge.

Für wertvolle Hinweise danke ich Klausmartin Friedrich und Jochen Thorns.

Der Kommandowagen nach den Technischen Weisungen Nr. 4 und Nr. 4/1 des niedersächsischen Ministeriums des Innern (nach Baujahren geordnet)

Fahrgestell	Ausbau	Baujahr	Ort	Anmerkungen
MB O 309/35	Eigenbau	1974 Fg	LK Wesermarsch (BRA), FTZ Brake	Mehrfach umgebaut
MB O 305/35	Eigenbau	1977	LK Ammerland (WST) FTZ Elmendorf	
MB O 309/35	E.N, Isernhagen, Bode *1)	1978	Niedersächsische Landesfeuerwehrschule Celle	1997 an FF Celle-Hauptwache
MB O 309/35	Schlingmann	1978	Niedersächsische Landesfeuerwehrschule Loy	
MB O 309/41	Schlingmann	1978	LK Goslar (GS), FTZ Goslar	
MB O 309/41	Schlingmann	1978	LK Northeim (NOM), FTZ Northeim	
MB O 309/41	Schlingmann	1978	LK Oldenburg (OL), FTZ Ganderkesee	
MB O 309/35	Eigenbau	1978	LK Osterholz (OHZ), FTZ Pennigbüttel	
MB O 309/35	Arve	1978	LK Schaumburg (SHG), FTZ Stadthagen	
MD 90 D 5,2 F	Erich Busch KG, Diepholz	1978	LK Diepholz (DH), Standort FF Schwaförden	
MB O 309/41	Schlingmann	1979	BF Braunschweig (BS)	2000 an WF IPW Hanau
MB O 309/41 breit	E.N, Isernhagen, Bode *1)	1979	BF Göttingen (GÖ)	
MD 89 M 5,3 F	?	1979	FF Lehrte (H-Land)	
MB O 309/41	Schlingmann	1979	LK Aurich (AUR), Standort FF Middels	
MB O 309/35	Bode *2)	1979	LK Cuxhaven (CUX), FTZ Schiffdorf	
MB O 309/41	Schlingmann	1979	LK Harburg (WL), Standort FF Ashausen	
MB O 309/41	Schlingmann	1979	LK Göttingen, Stand FF Rhumspringe	
MB O 309/35	Schlingmann	1979	LK Leer (LER), FTZ Leer	
MB O 309/41	Schlingmann	1979	LK Nienburg (NI), FTZ Nienburg	
MB O 309/00	Schlingmann	1979	LK Osnabrück (OS), FTZ Harderberg	
MB O 309/41	Schlingmann	1979	LK Stade (STD), FTZ Stade	
MB O 309/41 breit	Schlingmann	1980	BF Oldenburg (OL)	
MB O 309/41 breit	Schlingmann	1980	BF Salzgitter (SZ)	ca. 2004 an KatS/ASB Salzgitter
MB O 309/00	Schlingmann	1980	FF Bremervörde (ROW)	
MB O 309/41	Schlingmann	1980	LK Rotenburg (ROW), FTZ Zeven	
MB O 309/41 breit	Bode *2)	1981	BF Hildesheim (HI)	
MB O 309/41 breit	Schlingmann	1981	BF Osnabrück (OS)	2008 an PD Osnabrück
MB O 309/41 breit	Schlingmann	1981	LK Hildesheim (HI), FTZ Groß Düngen	
MB O 309/35	?	1981	LK Holzminden (HOL), Standort FF Stadtoldendorf	
MB O 309/41	Schlingmann	1981	LK Wittmund (WTM), FTZ Wittmund	
MB O 309/41	Bode	1981	LK Wolfenbüttel (WF), FTZ Schladen	
MB O 309/41 breit	Baumgarten	1982	LK Peine (PE), FTZ Peine	
MB O 309/41 breit	Schlingmann, Bode *2)	1983	BF Hannover (H)	2000 an FF Neustadt/Rbge.
MB O 309/35	Eigenbau	1985	LK Verden (VER), FTZ Verden	Umbau aus fahrbarem Postamt
MD 90 M 5,3 F	Thiele, Bremen	1985	LK Uelzen (UE), Standort FF Uelzen	

Anmerkungen: *1) Typschild von Bode, Ausbau jedoch durch Fa. Elektronik- und Nachrichtentechnik Isernhagen (E.N)
*2) Hersteller des Ausbaus noch ungeklärt

Gerätewagen Transport

Baden-Württemberger Besonderheit seit 20 Jahren

Die Feuerwehr Reutlingen kaufte ihren GW-T bereits 1988, also vor der Veröffentlichung des Pflichtenheftes, mit Ladekran und Ladebordwand. Fahrgestell: MB 1622 AK mit Düser-Aufbau

von Jochen Thorns

GW-T – Diese Abkürzung steht nicht für Gerätewagen Technik, sondern für Gerätewagen Transport. Diese nur in Baden-Württemberg bei den Feuerwehren eingeführte Fahrzeuggattung feierte im Jahr 2009 ein rundes Jubiläum: Den GW-T gibt es dann seit 20 Jahren.

Schon immer gab es bei den Feuerwehren in Deutschland, vor allem bei den Berufsfeuerwehren und den größeren Freiwilligen Feuerwehren, Logistik- oder Nachschubfahrzeuge für die unterschiedlichsten Transportaufgaben, mal als Kastenwagen, mal als Lkw oder – in wenigen Fällen – auch als speziell aufgebaute Sonderfahrzeuge. Eines jedoch hatten diese Fahrzeuge immer gemeinsam: einheitliche Anforderungen und eine einheitliche feuerwehrtechnische Mindestbeladung gab es nicht. Die Ausstattung der Fahrzeuge war eher zufällig und von den örtlichen Gegebenheiten abhängig.

Dennoch hatten sich die universell nutzbaren Logistikfahrzeuge im täglichen Einsatz bewährt, vor allem auch weil die Anforderungen an die Feuerwehren ab den 1990er-Jahren teilweise deutlichen Veränderungen unterworfen waren. Aus diesem Grund gaben einige Bundesländer, wie Hessen (Gerätewagen Nachschub) oder Bayern (Versorgungs-Lastkraftwagen) Baurichtlinien zur Vereinheitlichung und damit verbunden auch zur Förderung der Beschaffungen durch das Land heraus. Daraus resultierte schließlich die bundesweite Normung der Gerätewagen Logistik in den Größen 1 und 2 im Jahr 2005. In diesem Zusammenhang entfielen die meisten Baurichtlinien der Länder – mit Ausnahme von Bayern und Baden-Württemberg.

Im Jahr 2005 beschaffte die FF Oberhausen ihren GW-T bei Weschenfelder auf MAN LE 12.350 (4x2). Fest eingebaut sind ein 5-kVA-Stromerzeuger und eine 60-kN-Seilwinde

Bereits im Sommer 1989 liefen die konkreten Planungen für den „Gerätewagen Transport (GW-T) für besondere Zwecke der Feuerwehr" (so hieß es im Betreff eines Schreibens des Innenministeriums im Jahr 1989) in Baden-Württemberg auf Hochtouren. So lag im Juli 1989 ein Entwurf eines Pflichtenheftes des Stuttgarter Innenministeriums vor, welches von den Bezirksbrandmeistern während einer Dienstbesprechung am 28./29. August 1989 zustimmend zur Kenntnis genommen wurde. Dieses Pflichtenheft mit Stand November 1989 wurde dann per Schreiben des Innenministeriums am 4. Dezember 1989 veröffentlicht und somit quasi als Baurichtlinie eingeführt. Allerdings gab es in Baden-Württemberg nie offizielle Baurichtlinien für Feuerwehrfahrzeuge. Vielmehr wurden Pflichtenhefte konzipiert und diese als Grundlage für die Förderung des Feuerwehrwesens nach der so genannten Zuwendungsrichtlinie Feuerwehrwesen (Z-Feu) veröffentlicht. Die Steuerung der Beschaffung der den Landesvorgaben entsprechenden Feuerwehrfahrzeuge erfolgte (und erfolgt) so immer indirekt über die Zuschussvergaben. Die Kommunen müssen sich somit an die Normen oder die baden-württember-

Die Werkfeuerwehr Bosch in Stuttgart-Feuerbach beschaffte ihren GW-T ebenfalls bei Weschenfelder. Fahrgestell: MB Atego 1328, Baujahr 2003. Eine 5-kVA-Dynawatt-Anlage ist fest eingebaut

Eine Rarität als GW-T: Renault S 150 Midliner mit Aufbau der Firma Wudi (Aldingen), Baujahr 1996. Das Fahrzeug mit einem zulässigen Gesamtgewicht von 7500 Kilogramm wird von der FF Kusterdingen eingesetzt

Der GW-T der FF Messkirch wurde 1993 vom damaligen Kommandanten vor allem für die Funktion als Schlauchwagen konzipiert. Den Aufbau des IM 120-23 AW fertigte Zikun, den Innenausbau die Firma Schäfer Brandschutztechnik

Häufig als GW-T genutzt werden die MAN-Fahrgestelle mit serienmäßiger Doppelkabine. Hier ein MAN 8.174, Baujahr 2001, mit Staiger-Aufbau (Weil im Schönbuch) der FF Neuhausen

gischen Pflichtenhefte halten, um einen Zuschuss nach Z-Feu aus Mitteln der Feuerschutzsteuer zu erhalten. Die kommunalen Haushalte entlastet dies: Denn für die GW-T betrug der erhöhte Fördersatz laut Innenministerium bis zu 60 Prozent der Beschaffungskosten, wobei eine Obergrenze von 200 000 Mark festgelegt worden war. Die GW-T sollten bei „besonders ausgewählten Stützpunktfeuerwehren“ stationiert werden.

Das Pflichtenheft 1989

Der GW-T diente nach dem 1989 veröffentlichten Pflichtenheft vorzugsweise zum Transport von besonderen Geräten der Feuerwehr, Einsatz- und Hilfsmitteln, Löschmitteln, Verbrauchsmaterialien, Leerbehältern zur Gefahrgutaufnahme sowie als Zugfahrzeug für Anhänger.

Es wurde ein serienmäßiges Lkw-Fahrgestell mit einem zulässigen Gesamtgewicht von 7,49 bis 17 Tonnen, einer Motorleistung von 12 ± 2 kW/t und vorzugsweise Straßenantrieb mit einer Differenzialsperre vorgeschrieben. Das Fahrzeug musste mit einer feststehenden Pritsche mit seitlich abklappbaren Bordwänden sowie bedarfsweise einem Ladekran oder einer Ladebordwand ausgestattet sein. Selbstverständlich wurden auch entsprechende Befestigungspunkte zur Ladungssicherung, ein stabiles Schutzgitter an der Fahrerhausrückwand zum Schutz der Besatzung, eine sichere Aufstiegsmöglichkeit zur Pritsche sowie ein Staukasten für Teile der feuerwehrtechnischen Beladung unterhalb der Pritsche vorgeschrieben. Als Besatzung wurde eine Stärke von 1/1 oder 1/2, also eine Truppbesatzung, vorgeschrieben.

Die feuerwehrtechnische Beladung musste mindestens einen Feuerlöscher PG6, einen Kraftfahrzeug-Verbandkasten, ein Abschleppseil mit Schäkel, zwei Warndreiecke, zwei Kraftfahrzeug-Warnleuchten, zwei Unterlegkeile, je eine Warnweste für jedes Besatzungsmitglied, einen Handscheinwerfer, Verzurrgurte oder Ketten zur Ladungssicherung sowie je einen Besen und eine Schaufel umfassen. Die Beladung musste – mit Ausnahme des Besens und der Schaufel, die am Rahmen oder an der Pritsche befestigt werden sollten – im Fahrerhaus oder im abschließbaren Kasten unter der Pritsche verlastet werden. Bereits damals sorgte der Verordnungsgeber also für eine größtmögliche Flexibilität, indem man die Vorschrift möglichst weit fasste und die Anforderungen auf Minimalanforderungen beschränkte. Diese Weitsicht drückt sich auch im folgenden Zitat im Pflichtenheft aus: „Zur Erzielung einer möglichst guten Nutzlast sollen für die Gerätewagen Transport besonders geeignete Fahrge-

Die FF Stockach übernahm 1993 diesen 1989 von Böse gebauten MB 809 und nutzt ihn seitdem als GW-T. Am Heck befindet sich eine Meiller-Ladebordwand

stelle ausgewählt werden. Die Größe der Pritsche richtet sich nach dem ausgewählten Fahrgestell in Abhängigkeit von Radstand und zulässigem Gesamtgewicht." Gerade das Thema Nutzlastfaktor ist im Feuerwehrfahrzeugbereich heute aktueller denn je!

Im Februar 2001 gab es eine Änderung bei den GW-T. Im Rahmen der Deregulierung und Verwaltungsvereinfachung gab es eine Vereinfachung der Bindung der Zuwendungen nach Z-Feu an die Einhaltung der Normen und Pflichtenhefte. Danach war unter anderem auch ein Gerätewagen Transport mit einem zulässigen Gesamtgewicht von bis zu 3500 Kilogramm möglich. Zwar gab es diese Fahrzeuge auch zuvor schon oft gerade bei kleineren Freiwilligen Feuerwehren, zum Beispiel leichte Transporter mit Doppelkabine und Pritsche (VW Transporter oder Mercedes-Benz T1), allerdings wurden diese aus Zuschussgründen in der Regel als Mannschaftstransportwagen geführt.

Eine weitere Änderung brachte die Zuwendungsrichtlinie Feuerwehrwesen (Z-Feu) im Jahr 2004. In der Förderung waren nur noch GW-T bis zu einem zulässigen Gesamtgewicht von 7500 Kilogramm sowie Fahrzeuge mit einem zulässigen Gesamtgewicht von 7500 bis 18 000 Kilogramm vorgesehen. GW-T mit einer Gesamtmasse von mehr als 7,5 Tonnen mussten aber als Schlauchwagen verwendbar sein. Immerhin konnten als Zuschuss 9350 Euro für die kleine Variante und 34 100 Euro beziehungsweise für Fahrzeuge mit einem überörtlichen Einsatzgebiet 45 100 Euro bei der schweren Variante verbucht werden. Die Förderbeträge wurden übrigens 2007 an die allgemeine Preisentwicklung angepasst, sodass seitdem der GW-T mit einer Gesamtmasse bis 7500 Kilogramm mit 10 500 Euro und die schwerere Variante mit 38 000 Euro beziehungsweise 50 000 Euro (bei Fahrzeugen mit einem überörtlichen Einsatzgebiet) gefördert werden.

Das Pflichtenheft 2006

Obwohl im Jahr 2005 die Gerätewagen Logistik auf Bundesebene genormt worden waren, hielt Baden-Württemberg am Gerätewagen Transport fest – und fördert auch nur diesen Fahrzeugtyp. Dies hat auch seinen guten Grund, ist der Gerätewagen Transport aufgrund der geringeren Vorgaben doch universeller, kostengünstiger und lässt der interessierten Feuerwehr

Die FF Schopfheim nutzt diesen Iveco Daily 65 C 15 als GW-T. Baujahr: 2002, Aufbau: Schäfer (Neuwied), Zepro-Ladebordwand mit 1000 kg Tragfähigkeit

Als Ersatz für einen LKW auf MD Eckhauber beschaffte die FF Kirchheim unter Teck, Abteilung Stadtmitte, diesen GW-T im Jahr 2007. Hensel fertigte den Aufbau auf dem MAN TGM 12.280 4x2 BL

Der ehemalige RW 1 (KatS), Baujahr 1987, der FF Leinfelden-Echterdingen, Abteilung Echterdingen, wurde 2005 von der Firma Fritz (Filderstadt) zum GW-T umgebaut. Fahrgestell: MB U 1300 L. Die Werner-Seilwinde (50 kN) wurde beibehalten; am Heck befindet sich eine Bär-Ladebordwand mit einer Tragfähigkeit von 1500 kg

Die FF Wolfschlugen hat 2003 diesen 1999 gebauten MB Actros 1835 übernommen und in Eigenleistung zum GW-T umgebaut. Im Aufbau werden ständig unter anderem 3000 m B-Schlauch mitgeführt

größere Flexibilität und Gestaltungsspielraum, sodass das Fahrzeug optimal auf die örtlichen Verhältnisse angepasst werden kann. Allerdings wurde das aus dem Jahr 1989 stammende Pflichtenheft des GW-T im Februar 2006 aktualisiert.

Dabei wurde an der Unterteilung der Gewichtsklassen bei den GW-T festgehalten, sodass es auch weiterhin GW-T mit einem zulässigen Gesamtgewicht von weniger als 7500 Kilogramm und Fahrzeuge mit einer Gesamtmasse zwischen 7500 und 18 000 Kilogramm gibt. Als Fahrgestelle sind nun handelsübliche Transporter oder Lkw mit Straßenantrieb vorgesehen, die mit einem serienmäßigen Kasten-, einem Pritsche-Plane- oder einem Kofferaufbau versehen werden können. Selbstverständlich müssen – wie bisher auch – die normativen Grundanforderungen an Feuerwehrfahrzeuge eingehalten werden.

Zur flexiblen Handhabung der Beladung wird bei Fahrzeugen mit einem Gesamtgewicht > 7500 Kilogramm eine Ladebordwand empfohlen. Der noch 1989 vorgesehene Ladekran ist entfallen; vermutlich weil er nur relativ selten in der Praxis verwendet wurde. Der Ladekran kann jedoch als zusätzliche Ausstattung aufgrund örtlicher Belange ebenso wie beispielsweise Allradantrieb oder Zusatzbeladungen realisiert werden, ohne allerdings zusätzlich vom Land finanziell gefördert zu werden.

Gegenüber dem Pflichtenheft hat sich auch die Besatzung geändert: Neben der Truppbesatzung darf der GW-T alternativ auch über eine Staffelkabine verfügen. Die Beladung muss nun mindestens einen Feuerlöscher mit 6 Kilogramm ABC-Pulver, einen Verbandkasten, einen Handscheinwerfer und zwei Verkehrsleitkegel sowie Verzurrmaterial für die Ladungssicherung umfassen.

Interessant ist weiter, dass die GW-T mit einem zulässigen Gesamtgewicht > 7500 Kilogramm seit 2006 nicht mehr grundsätzlich als Schlauchwagen Verwendung finden müssen, sondern auch ohne die Sonderfunktion förderfähig sind. Sollen die Fahrzeuge jedoch als Ersatz für einen Schlauchwagen SW 2000 Verwendung finden, müssen sie die feuerwehrtechnische Beladung der DIN 14555-22, Tabelle 2, für GW-L2 mitführen. Zudem sind weitere normative Anforderungen an die GW-L2 auch bei diesen GW-T einzuhalten.

Fahrzeugbeispiele

Einer der Urahnen der dem Pflichtenheft von 1989 entsprechenden GW-T war sicherlich das Fahrzeug der Berufsfeuerwehr Mannheim. Bereits 1980 beschaffte die dortige Feuerwehr einen Mercedes-Benz 1219 mit Pritsche, Ladekran und Ladebordwand als

Ebenfalls ein GW-T nach dem baden-württembergischen Pflichtenheft ist dieser MB Sprinter 515 CDI der FF Leinfelden-Echterdingen, Abt. Leinfelden, den Renninger 2008 aufbaute. Die heckseitige Ladebordwand hat eine Tragfähigkeit von 1000 kg

„Universalfahrzeug“. Bereits vor Veröffentlichung des Pflichtenheftes 1989 stellte aber auch das Land Baden-Württemberg den am Bodensee gelegenen Freiwilligen Feuerwehren Friedrichshafen, Konstanz, Radolfzell und Überlingen GW-T auf Lkw-Fahrgestellen mit Pritsche und Ladekran, die voll dem Pflichtenheft entsprachen, zur Verfügung. Diese Fahrzeuge waren Teil der Ölwehrausstattung „Bodensee“, welche das Land zum Schutz des wichtigsten Trinkwasserspeichers des Landes bei den vier Feuerwehren vorhält. Ein ähnliches Fahrzeug beschaffte im gleichen Jahr auch die Feuerwehr Reutlingen, hier allerdings noch mit einer Ladebordwand ergänzt. Ebenfalls Fahrzeuge mit Ladekran beschafften beispielsweise die Freiwilligen Feuerwehren Calw, Dossenheim, Eberbach, Gechingen, Neuenbürg, Nürtingen, Waldkirch, Weinheim und Waghäusel-Wiesental. Die Feuerwehr Dossenheim entwickelte mit dem ersten GW-T, einem gebraucht erworbenen Magirus-Deutz mit Pritsche und Ladekran, der auf ein zulässiges Gesamtgewicht von 7490 Kilogramm abgelastet wurde, dazu schon Anfang der 1990er-Jahre ein komplettes Nachschubsystem mit Kleincontainern und Gitterboxen.

Seit Mitte der 1990er-Jahre werden vor allem Lkw mit Pritsche-Plane- oder Kofferaufbau als GW-T beschafft, da diese bei der Nutzung von Paletten, Gitterboxen und Rollcontainern universeller einsetzbar sind. In der jüngsten Zeit ist ein eindeutiger Trend hin zu einer Beschaffung von als GW-T bezeichneten GW-L2 mit Staffelkabine, festen Gerätekoffer und Pritsche-Plane-Aufbau mit Ladebordwand festzustellen.

Bei den kleineren GW-T herrschen – wie bereits erwähnt – handelsübliche Transporter von Mercedes-Benz und Volkswagen, seit etwa dem Jahr 2000 aber auch immer häufiger von Iveco (hier speziell der Iveco Daily) vor. Doch gerade bei den kleineren GW-T gibt es manch Exoten. Die Freiwillige Feuerwehr Markdorf (Bodenseekreis) beispielsweise nutzt einen 1997 gebauten Dodge, der seit 2007 von einem GW-T auf Mercedes-Benz Atego mit Hensel-Aufbau ergänzt wird. Serienmäßige Kastenwagen haben beispielsweise die Feuerwehren Nufringen und Niefern-Öschelbronn (Opel Movano) und Ostfildern (Mercedes-Benz 611 D) im Einsatz. Ein absolutes Unikat ist der GW-T der Freiwilligen Feuerwehr Breitnau im Schwarzwald. Sie verwendete 2002 als Basis einen allradangetriebenen italienischen Scam und versah diesen mit einem Zikun-Aufbau.

Weitere Beispiele für GW-T finden sich in diesem Jahrbuch auch im Neuheiten-Teil auf Seite 52.

Das Land Baden-Württemberg stellte unter anderem der FF Friedrichshafen bereits 1988 einen GW-T für die „Ölwehr Bodensee“ zur Verfügung, also bevor die Baurichtlinie überhaupt veröffentlicht worden ist. Der IM 160-30 AHW hat eine Wackenhut-Pritsche und einen Atlas-Ladekran AK 4503 C (Hublast 7,5 t). Das Fahrzeug wurde von Magirus geliefert

Umbruch

US-Army-Feuerwehren in Deutschland erhielten neue Fahrzeuggeneration

von Jochen Thorns

Die Feuerwehren der US-Army in Europa – allein in Deutschland gibt es aktuell 13 Fire Departments mit diversen Feuerwachen – haben in den vergangenen Monaten eine neue Fahrzeuggeneration erhalten: Kommandowagen, Mehrzweckfahrzeuge, Kleinalarmfahrzeuge, Hilfeleistungslöschfahrzeuge und Sonderfahrzeuge.

Grundsätzlich wird bei der US-Army zwischen so genannten taktischen und nicht-taktischen Fahrzeugen unterschieden. Taktische Fahrzeuge sind hauptsächlich für den direkten Einsatz unter entsprechend erschwerten Bedingungen in Krisengebieten vorgesehen und werden auch nur dort eingesetzten Einheiten zugewiesen. Das wohl bekannteste Fahrzeug dieser Art ist der M998 HMMWV („Hummer"). An Standorten des Installation Management Commands Europe (IMCOM Europe – vergleichbar mit einer europaweiten Standortverwaltung) und den zugeordneten Fire Departments werden solche Fahrzeuge nur in Ausnahmefällen, wenn die Einsatzbedingungen dies erfordern, eingesetzt. Diese Ausnahmen müssen für jedes Fahrzeug einzeln direkt vom US-Army-Hauptquartier genehmigt werden.

Bei den nichttaktischen Fahrzeugen gibt es die Untergruppen Mehrzweck- (general purpose) und Spezial- (special purpose) Fahrzeuge. Die Mehrzweckfahrzeuge werden in der Regel von der Fuhrparkgesellschaft der amerikanischen Streitkräfte geleast. Die meisten Großfahrzeuge der Feuerwehren, wie Pumper (Löschfahrzeuge), Aerials (Drehleitern), Wechselladerfahrzeuge oder Flughafenlöschfahrzeuge, sind dagegen „special purpose vehicles". Sie stehen im direkten Eigentum der Streitkräfte und werden nur im Einzelfall geleast.

Die überwiegende Mehrheit der Kleinfahrzeuge der US-Army-Feuerwehren sind so genannte „non tactical general purpose vehicles", also nicht-taktische

Die neue Kleinfahrzeuggeneration der US-Army-Feuerwehren in Europa im Überblick (von links): zwei Kleinalarmfahrzeuge, zwei Mehrzweckfahrzeuge, Kommandowagen

Mehrzweckfahrzeuge, die in der Regel durch IMCOM von der Fuhrparkverwaltung der Streitkräfte geleast sind. Dies erfolgte auch, um den Fuhrpark zu standardisieren, Kosten im Einkauf und im Unterhalt zu senken und die Verwaltungsprozesse zu vereinfachen. Allerdings sollen auch künftig nicht alle Fahrzeuge geleast und standardisiert werden: Bei komplexeren Aufgabenstellungen an die Kleinfahrzeuge werden auch weiterhin standortspezifische Lösungen geschneidert werden. So sollen für Standorte, die geländetaugliche Fahrzeuge benötigen (Flugplätze, Truppenübungsplätze), auch in Zukunft taktische oder kommerzielle Geländewagen – europäischer wie auch amerikanischer Bauart – beschafft und vor Ort mit der notwendigen Sonderausstattung ausgerüstet werden.

Die Army Fire Stations (Feuerwachen) an den Standorten Germersheim, Heidelberg, Kaiserslautern, Miesau und Chievres in Belgien erhielten als erste Feuerwachen diese neue Generation von Kleinfahrzeugen, da die Leasingverträge der vorhandenen Fahrzeuge ausgelaufen waren. Sie stehen exemplarisch für ähnliche Fahrzeuge, die künftig auch bei anderen Feuerwehren der US-Army in Europa in Dienst gestellt werden.

Kommandowagen

Für die neue Generation trug man den speziellen Anforderungen der Feuerwehren Rechnung, sodass die Fahrzeuge schon direkt von der Leasinggesellschaft mit allen feuerwehrspezifischen Um- und Einbauten versehen sind.

Im Dezember 2008 lieferten die Ford-Werke (Köln) insgesamt neun nicht-taktische Kommandowagen an die US-Army aus, welche die Fahrzeuge Anfang 2009 in den Einsatzdienst der Fire Departments übernahm. Den Ausbau fertigte die Firma Baumeister & Trabandt (Korschenbroich). Die Fahrzeuge, welche überwiegend für Dienstfahrten von Führungskräften und Mitarbeitern des Sachgebiets Vorbeugender Brandschutz vorgesehen sind, basieren auf Ford Mondeo Turnier TDCi mit einem 103 Kilowatt leistenden Vier-Zylinder-Dieselmotor.

Die Command Vehicles sind mit dem so genannten „Police Package" ausgerüstet, einer Ausstattung wie sie auch die Streifenwagen der Militärpolizei erhalten. Unterschiede ergeben sich im Wesentlichen aus Farbe und Aufbauform. Während die Militärpolizei silberne Limousinen verwendet, handelt es sich bei den

Kommandowagen der Feuerwache Germersheim, Ford Mondeo Turnier TDCi/Baumeister & Trabandt, Baujahr 2009

Tactical Command Vehicle (Taktischer Kommandowagen) auf M1009 des Fire Fighting Training Center Ansbach. Auf dem Dach ist eine Blitzleuchte installiert, in der Windschutzscheibe LED-Blitzer. Das Fahrzeug wurde 1985 gebaut und ging im Dezember 2008 in Dienst

Kommandowagen um Kombifahrzeuge in einer roten Grundlackierung. Die neuen Kommandowagen sind seitlich mit einer reflektierenden weißen Folie und der Beschriftung „Fire Department" kenntlich gemacht. Zur aktiven und passiven Sicherheit der Einsatzfahrer tragen ein sechsstufiges Automatikgetriebe, Anti-Blockiersystem und ein elektronisches Stabilitätsprogramm bei. Für die Persönliche Schutzausrüstung, Einsatzunterlagen und teilweise einem Notfallrucksack bieten die Fahrzeuge mehr Stauraum als die bisher verwendeten Jeep Cherokee.

Als taktischen Kommandowagen erhielten die ausgewählten US-Army-Feuerwehren in Europa auf begründeten Antrag im Jahr 2009 „M1009 Command Vehicle". Der M1009 CUCV (Commercial Utility Cargo Vehicle) ist die militarisierte Variante des Chevrolet Blazer K10 der 1980er-Jahre, welche den besonderen Anforderungen der US-Army angepasst wurde. Innerhalb der CUCV-Fahrzeugfamilie, die auch Pick-up und Spezialfahrzeuge wie Sanitätsfahrzeuge umfasst, ist dies das Führungsfahrzeug (Command Vehicle). Angetrieben wird das Fahrzeug von einem 6,2-Liter-V8-Dieselmotor mit einer Leistung von 96 Kilowatt bei 3600 min^{-1}. Der Motor kann sowohl mit Diesel als auch mit JP8-Kerosingemisch betrieben werden. Die Motorkraft wird über ein Drei-Gang-Vollautomatikgetriebe mit Drehmomentwandler an die Hinterräder abgeben. Sie ist mit einer Differenzialsperre ausgerüstet. Die starre Vorderachse ist mit manuellen Freilaufnaben ausgestattet und kann zugeschaltet werden.

Am Heck des M1009 wurde eine eindeutige Feuerwehr-Beschriftung aufgebracht

Mehrzweckfahrzeug auf Opel Combo CDTI, Baujahr 2009, der Feuerwache Germersheim. Das Fahrzeug hat ein automatisiertes Schaltgetriebe. Schiebetüren sind auf beiden Fahrzeugseiten vorhanden

Das bereits 1985 gebaute Fahrzeug des Fire Fighting Training Center der US-Army in Ansbach war bis vor kurzem noch im Rahmen der KFOR-Mission auf dem Balkan eingesetzt, ist in gutem Allgemeinzustand und wurde vor der Übergabe an das Ausbildungszentrum in der Zentralwerkstatt des 21st TSC (Theater Sustainment Command – Logistikkommando für Europa) in Kaiserslautern einer umfassenden Generalüberholung unterzogen. Das Fahrzeug mit eine Gesamtlaufleistung von nur rund 70 000 Kilometern wurde komplett zerlegt, geprüft und vermessen. Entsprachen die Bauteile nicht mehr den Vorgaben für Neufahrzeuge dieses Typs, wurden die Komponenten entweder überholt oder durch Neuteile ersetzt. Karosserie und Rahmen wurden von Rost befreit, gegebenenfalls auch ersetzt und alle Komponenten neu lackiert. Diese Vorgehensweise ist bei taktischen Fahrzeugen nicht unüblich und in den USA auch bei kommerziellen Lkw sowie Feuerwehrfahrzeugen gängige Praxis. Im Rahmen der Generalüberholung wurden auch die Sondersignalanlage eingebaut und die Vorbereitung für den Einbau eines amerikanischen Funkgeräts durchgeführt. Die Sondersignalanlage besteht aus einer Rundumkennleuchte auf dem Dach, Frontblitzern auf dem Armaturenbrett und Blitzern an den Seiten der Karosserie sowie Heckblitzern im Hard-Top.

Baugleiche Fahrzeuge sind auch in Miesau sowie in Kürze an Standorten in Rumänien (Mihail Kogalniceanu Fire Station) und Bulgarien im Einsatz. Für die großen Truppenübungsplätze in der Oberpfalz sind nach US-Army-Angaben mittelfristig M998 HMMWV („Hummer“) als taktische Kommandowagen geplant. Als Ersatz für geländegängige Kommandowagen erhalten seit Sommer 2009 die Fire Departments von der US-Fuhrparkgesellschaft geleaste Opel Antara. Das erste Fahrzeug ging an die Feuerwache Ansbach-Katterbach. Allerdings ist es im Einzelfall durchaus auch möglich, über die Fuhrparkgesellschaft Geländefahrzeuge aus den USA zu beschaffen.

Mehrzweckfahrzeuge

Mehrzweckfahrzeuge finden als allgemeine Transportfahrzeuge sowohl für den Materialtransport und die Logistik als auch für den Transport der Ausrüstung für die Brandschutzaufklärung (Simulatoren und Material für die Feuerlöscherunterweisung) Verwendung. Als neues standardisiertes Mehrzweckfahrzeug (Multi Purpose Vehicle) kommt der Opel Combo zur Anwendung. Er ersetzt seit 2008 die leichten Pick-up (Dodge Dakota u. Ä.). Bei vergleichbarer Ladekapazität und ähnlichen Fahrleistungen hat der Opel Combo mit einem 55-Kilowatt-Vier-Zylinder-Dieselmotor jedoch bessere Fahreigenschaften. Die feuerwehrspezifische Zusatzausstattung und das „Police Package" entsprechen denen des Kommandowagens auf Basis des Ford Mondeo. Allerdings hat das Mehrzweckfahrzeug keine Heckblitzer. Solche Fahrzeuge sind beispielsweise in Miesau und in Germersheim im Einsatz.

Da auch die Aufgaben der Feuerwehren der US-Army immer komplexer werden, müssen auch bei Kleinfahrzeugen oft standortspezifische Lösungen gefunden werden. Ein Beispiel für eine standortspezifische Lösung eines Mehrzweckfahrzeuges sind die „schweren" Mehrzweckfahrzeuge auf Basis des Opel Vivaro mit kurzem Radstand. Als Ersatz für einen Dodge Ram 1500 V6 Full Size Pick-up erhielt 2008 das Fire Prevention Office (Abteilung Vorbeugender Brandschutz) des US-Army Fire Departments in Kaiserslautern ein solches Fahrzeug, um den Brandsimulator für Feuerlöscherunterweisungen transportieren zu können. Die Nutzlast des Opel Vivaro beträgt bei einem Laderaumvolumen von 5000 Litern 985 Kilogramm, gegenüber 490 Kilogramm und 2765 Litern des Opel Combo. Der Laderaum des Opel Vivaro-Kastenwagens wurde ab Werk mit Zusatzleuchten und einer Holzschutzverkleidung versehen. Verzurrösen erlauben eine effektive Ladungssicherung. Eine Trennwand sichert den Fahrgastraum zusätzlich. Die Sicherheitsausstattung ist mit Anti-Blockier-System, Elektronischem Stabilitätsprogramm, Bremsassistent und Airbag umfangreich. Klimaanlage, Radio und Zentralverriegelung komplettieren die Ausstattung.

Baugleiche Fahrzeuge erhielten unter anderem die Fire Prevention Offices (Vorbeugender Brandschutz) in Heidelberg und Wiesbaden sowie Mannheim (siehe Jahrbuch Feuerwehrfahrzeuge 2009, Seite 68).

Weitere Beispiele für standortspezifische Lösungen, gerade im Bereich der Mehrzweck- und Mannschaftstransportfahrzeuge, sind zwei Ende 2008 ausgelieferte, serienmäßige MTW auf Basis des

Das Mehrzweckfahrzeug auf Opel Combo CDTI der Feuerwache Miesau wurde bereits 2008 in Dienst gestellt. Es verfügt über ein manuelles Schaltgetriebe

Beispiel für eine standortspezifische Lösung bei der Fahrzeugbeschaffung: 2008 gebauter Opel Vivaro 2.5 CDTI des Fire Prevention Office Kaiserslautern

Nur über ein Aufsetzblaulicht verfügt das Mehrzweckfahrzeug auf Opel Vivaro 2.5 CDTI der Abteilung Vorbeugender Brandschutz des Fire Departments Heidelberg

Als Mehrzweckfahrzeug wird der auf dem Typenschild als KDOW bezeichnete MB Vito 111 CDI/Hensel der Feuerwache Ansbach-Katterbach genutzt. Baujahr: 2007

Mercedes-Benz Sprinters, die an der Feuerwache Illesheim und am Fire Fighting Training Center in Ansbach genutzt werden. Und an der Feuerwache Ansbach-Katterbach steht bereits seit 2007 ein Mercedes-Benz Vito 111 CDI mit Hensel-Ausbau als Mehrzweckfahrzeug im Einsatz (die Bezeichnung auf dem Typenschild lautet übrigens „KDOW").

Kleinalarmfahrzeuge

Zwei Mini Rescue Trucks erhielten zum Jahreswechsel 2008/2009 die Feuerwachen in Heidelberg und Germersheim. Die Fahrzeuge können am ehesten als Kleinalarmfahrzeuge bezeichnet werden. Allerdings wurden die Fahrzeuge jeweils auf das spezielle Einsatzspektrum des Standortes angepasst, das sich aus den vorgehaltenen Großfahrzeugen und der spezifischen feuerwehrtechnischen Beladung sowie dem genauen Aufgabenspektrum, das sich von Liegenschaft zu Liegenschaft unterscheidet, ergibt. Die beiden Fahrzeuge sind zur eigenständigen Abwicklung kleinerer Einsätze vorgesehen, rücken aber auch gemeinsam mit den Löschfahrzeugen aus. Da bei den amerikanischen Löschfahrzeugen, insbesondere bei den noch vorgehaltenen Reservefahrzeugen älteren Baujahrs, der Stauraum für die feuerwehrtechnische Beladung sehr begrenzt ist, sind die Mini Rescue Trucks eine sinnvolle Ergänzung des Reservefahrzeugs, wenn das Erstangriffsfahrzeug, beispielsweise aufgrund eines Werkstattaufenthalts, nicht zur Verfügung steht.

Der Mini Rescue Truck der Germersheim Army Depot Fire Station wurde 2008 auf der Basis eines Kastenwagens des Typs Mercedes-Benz Sprinter 215 CDI realisiert. Der Einsatzschwerpunkt des als Mini Rescue Truck bezeichneten Kleinalarmfahrzeuges liegt auf der eigenständigen Abwicklung kleinerer Gefahrguteinsätze, hauptsächlich Ölspuren, sowie bei der Abdeckung der Messkomponente bei Gefahrguteinsätzen. Zusätzliche Messtechnik und eine Gefahrgutausrüstung wird mit dem Abrollbehälter WMD (Weapons of Mass Destruction) bei der Feuerwehr vorgehalten. Durch die Aufteilung der Messtechnik auf das Kleinalarmfahrzeug und den Abrollbehälter WMD kann nicht nur mehr Dekontaminationsmaterial im Abrollbehälter mitgeführt wer-

Als „Hazmat 1" (entspricht: GW-G) wird der Mini Rescue Truck (Kleinalarmfahrzeug) der Feuerwache Germersheim bezeichnet. Die Firma Schmidt Mobile Kommunikation baute den MB Sprinter 215 CDI im Jahr 2008 aus

den; vielmehr ist es jetzt möglich, die Messkomponente eigenständig zur Unterstützung an anderen Standorten oder im Umland einzusetzen. Die Messgeräte können im geschützten Fahrzeuginnenraum beziehungsweise am Arbeitsplatz vorbereitet werden, während sich parallel der Trupp mit leichten Chemikalienschutzanzügen ausrüstet und für die Auswertung der Messergebnisse den geschützten Arbeitsplatz benutzt. Hinsichtlich der Messtechnik ist das Messgerät „First Defender“ – ein mobiles Raman-Spektrometer zur Detektion von toxischen Chemikalien und Kampfstoffen – nennenswert. CAMEO3- und NIOSH4-Stoffdatenbanken sind integriert und erlauben nicht nur die direkte Ausgabe der Stoffnamen, sondern liefern direkt auch eine Bewertung der Stoffkonzentration und möglichen Gegenmaßnahmen. Eine Stoffanalyse ist so ohne direkten Stoffkontakt und auch durch Glas möglich. Weiterhin werden ein komplettes Prüfröhrchen-Set und ein Photoionisationsdetektor mitgeführt. Die Messtechnik ist in einem Sortimo-Schrank untergebracht, der gleichzeitig auch als Arbeitsplatz zur Vorbereitung der Messgeräte genutzt werden kann. Eine zusätzliche Innenbeleuchtung erleichtert hier sowohl die Arbeit an den Messgeräten als auch die Materialentnahme.

Zur eigenständigen Abwicklung von kleineren Gefahrguteinsätzen sind eine umfangreiche Ausrüstung von verschiedenen Bindemitteln, Dichtungsmaterialien, Dichtkeilen, Schachtabdeckungen und zur Notdekontamination sowie Auffangbehälter, zwei Pressluftatmer wie auch leichte Chemikalienschutzanzüge und Filtermasken verlastet.

Eine weitere Aufgabe der Feuerwehr im Germersheim Army Depot ist die Unterstützung bei medizinischen Notfällen und die Erstversorgung des Patienten bis zum Eintreffen des lokalen Rettungsdienstes, sodass im Kleinalarmfahrzeug auch ein Notfallrucksack mit Sauerstoffeinheit, ein Automatischer Externer Defibrillator (AED) und ein Rettungsbrett mitgeführt werden. Für kleinere Technische Hilfeleistungen werden unter anderem ein Handwerkzeugsatz, Bolzenschneider und Türöffnungswerkzeug mitgeführt. Außer kleineren Einsätzen, die mit dem Fahrzeug eigenständig abgewickelt werden, rückt das

Der Mini Rescue Truck (Kleinalarmfahrzeug) der Feuerwache Heidelberg basiert auf einem 2005 gebauten MB Sprinter 216 CDI, der seit 2006 für allgemeine Transportaufgaben genutzt worden war. Im Jahr 2009 baute Hensel das auf dem Typenschild als „VGW“ bezeichnete Fahrzeug aus

Das Fire Fighting Training Center in Ansbach erhielt 2008 diesen MTW auf MB Sprinter 215 CDI. Er verfügt über keine Sondersignalanlage, der Ausbau entspricht dem Werksserienumfang

Fahrzeug bei jeder Alarmierung zusammen mit den Löschfahrzeugen aus. Aus diesem Grund werden auch eine Wärmebildkamera und ein Überdruckbelüfter im Kleinalarmfahrzeug mitgeführt, um die Löschfahrzeuge einsatztaktisch zu ergänzen.

In Heidelberg wurde auf der Basis eines Mercedes-Benz Sprinter 216 CDI-Kastenwagen Anfang 2009 ein Kleinalarmfahrzeug realisiert. Es handelt sich beim Fahrgestell um ein bereits 2005 gebautes Modell der Vorgängergeneration, das bisher für allgemeine Transportaufgaben genutzt worden war. Den Ausbau nahm die Firma Hensel vor. Im Gegensatz zum Germersheimer Fahrzeug wurde der Kofferaufbau räumlich mittels einer Trennwand geteilt: Während im Heckgeräteraum die feuerwehrtechnische Beladung zur Technischen Hilfeleistung mitgeführt wird, wurde der über die seitliche Schiebtür zugängliche Geräteraum als vollwertiger Arbeitsplatz für die Messkomponente und die medizinische Erstversorgung ausgelegt. Dieser Arbeitsplatz ist großzügig gestaltet und ergänzt den in Heidelberg stationierten Abrollbehälter „Incident Command" (Einsatzleitung) bei Großschadenlagen.

Die Messtechnik entspricht in etwa der Ausrüstung des Germersheimer Fahrzeugs, ebenso die Ausstattung für die medizinische Erstversorgung, die zusätzlich durch eine Schaufeltrage und verschiedene Notfallkoffer (u. a. auch Kinderkoffer) ergänzt wurde. Lage, Art und Nutzung der Kasernen in Heidelberg erforderten es, umfangreicheres Gerät zur Technischen Hilfeleistung und zur Brandbekämpfung im Fahrzeug mitzuführen, das im Heckgeräteraum auf einem Auszug gelagert wird. Dort sind unter anderem ein akkubetriebener Hilfeleistungssatz, Kleinlöschgerät (Auer HiPress, Feuerlöscher), Türöffnungswerkzeug, Handwerkzeug, eine Teleskopleiter und Verkehrswarngerät verlastet.

Neue Hilfeleistungslöschfahrzeuge „Glider Kit"

Im Sommer 2009 erfolgte die Beschaffung von zunächst elf Hilfeleistungslöschfahrzeugen (Rescue Pumper). Einsatzbereiche der Fahrzeuge sind insbesondere der Gebäudebrandschutz, einfache Technische Hilfeleistungen sowie medizinische Erstversorgungen. Die Fahrzeuge wurden vom Installation

Im neuen Rescue Pumper werden der Motor und das Getriebe des Amertek-Löschfahrzeuges weiterverwendet

Management Command Europe (IMCOM) beschafft und als so genannte „Special Purpose Vehicles" der Gruppe der nicht-taktischen Fahrzeuge der US-Army-Feuerwehren zugeordnet. Die Fahrzeuge erhielten die Feuerwachen in Ansbach (zwei Stück), Miesau (zwei Stück), Baumholder, Heidelberg und Illesheim sowie das Fire Fighting Training Center in Ansbach, welches das erste Fahrzeug der Serie bereits im Frühjahr 2009 in Dienst nehmen konnte. Die drei restlichen Fahrzeuge gingen an die „Mihail Kogalniceanu Fire Station" in Rumänien.

Die neue Fahrzeuggeneration trägt nicht nur zur weiteren angestrebten Standardisierung des Fahrzeugparks der US-Army-Feuerwehren bei. Auch der Beschaffungsweg ist ungewöhnlich, handelt es sich doch um ein so genanntes „Refurbishing". Darunter ist der Neuaufbau eines Fahrzeuges unter Verwendung von gebrauchten Teilen des Vorgängerfahrzeugs zu verstehen. Die neuen Fahrzeuge basieren auf Teilen der bekannten „Amertek"-Löschfahrzeuge. Von Mitte bis Ende der 1980er-Jahre stellte die US-Army für ihre Feuerwehren in großen Stückzahlen den Löschfahrzeugtyp „Amertek 2500 L" (offiziell: Truck, Firefighting, 1000 gpm Multipurpose, Model 2500 L) des kanadischen Herstellers Amertek in Dienst. Allein in Deutschland sollen rund 80 dieser Fahrzeuge bei den Feuerwehren der US-Army in Dienst gestanden haben. Das Fahrzeug war sowohl als Structural- (Gebäudebrandschutz) als auch als CFR-Löschfahrzeug (Flugzeugbrandschutz) ausgestattet und verfügte über einen 2500 Liter fassenden Löschwasserbehälter sowie einen 273 Liter fassenden Schaummitteltank. Die Feuerlöschkreiselpumpe förderte je nach Version 1000 gpm (gallons per minute – 3785 l/min) bei 10 bar oder – in der CFR-Version – 600 gpm (2271 l/min) bei 17 bar. Ein Feecon-Zumischer war fest eingebaut. Die Besatzung bestand aus vier Feuerwehrangehörigen, wobei die beiden Angriffstruppangehörigen im halboffenen entgegen der Fahrtrichtung angeordneten Mannschaftsraum untergebracht waren. Für den Betrieb unter extremen Witterungsbedingungen war der Amertek mit einer Auxilliary Power Unit ausgestattet. Dieser Vier-Zylinder-Motor mit einer Leistung von 3,6 Kilowatt konnte dauerhaft sowohl die Heizung der Löschmittelbehälter betreiben als auch die Fahrzeugbatterie laden. Aufgrund der intensiven Nutzung der Fahrzeuge in den vergangenen 20 Jahren, die einen teilweise deutlichen Verschleiß erzeugte, Problemen mit den Bremsen, dem unzureichenden, halboffenen Mannschaftsraum und der modernen Anforderungen ungenügenden feuerwehrtechnischen Ausrüstung sowie deren Lagerung in diversen kleinen Gerätefächern musste eine Modernisierung des Fuhrparks geplant werden. Im Zuge dieser Planungen wurde vom IMCOM-Hauptquartier und dem Fire Fighting Training Center Ansbach auch die weiterentwickelte Einsatztaktik sowie die Einsatzhäufigkeit bewertet. Dabei stellten sich einerseits

Defizite in der feuerwehrtechnischen Ausrüstung zur täglichen Gefahrenabwehr heraus, andererseits musste die neue Fahrzeuggeneration aufgrund der militärtaktischen Anforderungen weder luftverlastbar sein, noch eine Rolle als Flughafenlöschfahrzeug (insbesondere auch Pump-and-Roll-Betrieb) erfüllen müssen. Aus diesem Grund wurde ein Hilfeleistungslöschfahrzeug für den Gebäudebrandschutz (Rescue Pumper) entwickelt.

Ergebnis der Entwicklungsarbeit ist ein Standardfahrzeugmodell, das entsprechend der standortspezifischen Anforderungen mit Zusatzoptionen in der feuerwehrtechnischen Beladung und der Ausrüstung (z. B. Lichtmast, Dachwerfer) versehen werden kann. Ähnlich dem System der Bundeswehr sind weitergehende Modifikationen und eine gegebenenfalls daraus resultierende Veränderung des Einsatzwertes grundsätzlich nicht vorgesehen. Das Fahrzeug basiert auf den detaillierten Vorgaben des IMCOM-Hauptquartiers, von denen das europäische IMCOM-Hauptquartier im begrenzten Umfang abweichen durfte, um den speziellen Anforderungen in Europa Rechnung tragen zu können. Das standardisierte Fahrzeug soll insbesondere auch bessere Ausbildungsmöglichkeiten eröffnen, da es entsprechend den IFSTA-Ausbildungsvorgaben (International Fire Service Training Association) für vier Feuerwehrangehörige gestaltet wurde und die besonderen Anforderungen der US-Army Fire Departments in Europa berücksichtigt.

Da der Motor und das Automatikgetriebe des Amertek noch in einem allgemein gutem Zustand waren, wurde die Idee des Refurbishing diskutiert und ein intern als „Glider Kit“ bezeichnetes Fahrzeugmodell entwickelt. Mit „Glider Kit“ wird in der amerikanischen Industrie ein so genanntes „Level 2-Refurbishing“ bezeichnet, da die weiter verwendeten Komponenten in ein neues Fahrgestell „gleiten“. Auf der Basis des Refurbishing wurden auch in diesem Fall Motor und Getriebe weitergenutzt, während der Fahrzeugrahmen, der Mannschaftsraum und der feuerwehrtechnische Aufbau neu erstellt wurden. Das Refurbishing ermöglichte den Ersatz von gleich elf Fahrzeugen, da – auch durch die Einbindung eines Aufbauherstellers in Deutschland – pro Fahrzeug rund 50 000 US-Dollar gegenüber dem Kauf eines kompletten Neufahrzeuges eingespart werden konnten.

Refurbishment ist eine gängige Praxis in den USA. Die National Fire Protection Association hat dafür die Norm NFPA 1912 etabliert. Grundsätzlich wird zwischen Level 1- und Level 2-Refurbishing (General-

Rescue Pumper („Glider Kit“) der Feuerwache Miesau, Baujahr 2009

überholung) unterschieden. Level 1-Refurbishing umfasst den Austausch und/oder die Überholung von Hauptkompenenten des Fahrzeugs, bei dem das Fahrgestell jedoch beibehalten wird. Level 2-Refurbishing wie von der US-Army praktiziert, sieht den Einbau von bestehenden Komponenten in ein neues Fahrgestell vor.

Die Firma Hensel (Waldbrunn) erhielt den Auftrag zur Lieferung der elf Hilfeleistungslöschfahrzeuge als Generalunternehmer. Das Fahrzeug besteht bis auf Motor und Getriebe, die aus dem Amertek nach gründlicher Generalüberholung durch die 21st TSC der US-Army in Kaiserslautern, weiterverwendet werden konnten, aus neuen Komponenten.

Als Fahrgestell fungiert ein amerikanisches HME-Custom Chassis des Typs 1871 SFO (Short Front Overhang) mit Straßenantrieb und einer für Wartungsarbeiten elektrisch kippbaren Kabine. Das Fahrzeug hat ein Einsatzgewicht von etwa 15 200 Kilogramm; das zulässige Gesamtgewicht beträgt 16 000 Kilogramm. Der Mannschaftsraum mit einem erhöhten Dach (raised roof) für bessere Bewegungsmöglichkeiten bietet vier Feuerwehrangehörigen Platz und ist mit einer Klimaanlage und einer Standheizung ausgestattet. Im Mannschaftsraum sind die beiden entgegen der Fahrtrichtung angeordneten Plätze für den Angriffstrupp mit Halterungen für Pressluftatmer ausgestattet. Auch der Platz des Gruppenführers (Crew Chief) verfügt über eine Pressluftatmer-Halterung. Im Mannschaftsraum werden unter anderem noch eine Kühlbox (u. a. für so genannte Bio-Test-Kits), eine Wärmebildkamera, ein Notfallrucksack, ein Rettungsbrett, Hand- und Türöffnungswerkzeug sowie Messgeräte (z. B. Viergasmessgerät) mitgeführt.

Der von Hensel gefertigte feuerwehrtechnische Aufbau aus Aluminium verfügt entgegen der üblichen Bauweise in Deutschland nur über sechs Geräteräume (drei je Fahrzeugseite). Der heckseitige Geräteraum GR konnte – auch aus Gründen des Unfallschutzes – entfallen, da der Pumpenbedienstand entsprechend der U.S.-Bauweise „midship“ zwischen Mannschaftsraum und Aufbau angeordnet wurde. Die feuerwehrtechnische Beladung orientiert sich an der U.S.-Vorgabe NFPA 1901, wurde jedoch an die Erfordernisse der US-Army-Feuerwehren angepasst. „Typisch amerikanisch“ sind die vorhandenen Schlauchbetten. Zwei Schlauchbetten für jeweils etwa 30 B- beziehungsweise C-Druckschläuche sind auf dem Aufbaudach angeordnet. Diese Schläuche können während der langsamen Fahrt über das Fahrzeugheck, beispielsweise bei der Fahrt von der Wasserentnahmestelle (Hydrant) zur Einsatzstelle, verlegt werden. Zwei weitere Schlauchbetten („cross lays“) – je eines für drei bis vier C- oder B-Druckschläuche – befinden sich über dem Pumpenbedienstand und dienen als Schnellangriffseinrichtung. Die Schnellangriffsleitungen sind in so genannten Schlauchpaketen („hose packs“) gebündelt. Weitere Angriffsleitungen werden im Schlauchbett entnommen und als Schlauchpaket über die Schulter getragen. Der Einsatz eines Verteilers ist primär übrigens nicht vorgesehen. Wasserführende und abgebende Armaturen sind ebenso wie der Pressluftatmer des Maschinisten im Geräteraum G1 direkt neben den Pumpenbedienstand angeordnet und damit für den Maschinisten sofort zugänglich. Für den Werferbetrieb und die Speisung der in U.S.-Kasernen zahlreichen Sprinkleranlagen sind dort auch mehrere Sammelstücke vorhanden, die eine Speisung aus mehreren Hydranten gleichzeitig zulassen.

Die Feuerlöschkreiselpumpe des Typs Hale SMD-X 125 ist komplett – inklusive der Druckabgänge – aus Edelstahl gefertigt. Sie ist in ein komplettes Pumpenmodul eingebaut und wurde „midship“ im Fahrzeugrahmen montiert. Die Feuerlöschkreiselpumpe leistet 1250 gpm bei 10 bar (4731 l/min). Diese Pumpenleistung ist auch deshalb gewählt worden, um im Einzelfall auch in stationäre Löschanlagen einspeisen zu können. Die Pumpe verfügt über einen so genannten „Master Pressure Valve“, der Druckstöße verhindert. Der Ausgangsdruck an jedem Druckabgang kann individuell geregelt werden, während der Druck im Pumpenkreislauf konstant und – frei wählbar – auf einen Maximalwert begrenzt bleibt. Um eine Überhitzung des Fahrzeugmotors bei längerer Einsatzdauer zu vermeiden, kann der Fahrzeugkühlkreislauf auf einen separaten Wärmetauscher im Pumpenkühlkreislauf geschaltet werden. Zusätzlich wird der Kühlkreislauf im Pumpenbetrieb aus dem Löschwasserbehälter gespeist. Die wichtigsten Motordaten wie Drehzahl, Öldruck, Motortemperatur und Spannung werden am Pumpenbedienstand über ein Display der Firma Class 1 dargestellt.

Der Löschwasserbehälter fasst 2340 Liter, der Schaummitteltank 200 Liter Klasse-A-Schaummittel. Die Schaumzumischung erfolgt über Druckzumischanlage Kidde Feecon APH-1.5, welche variable Zumischraten bis neun Prozent erlaubt. Die löschtechnischen Daten sind, mit Ausnahme einer größeren Förderleistung der Feuerlöschkreiselpumpe, somit denen des Amertek vergleichbar.

Der Rescue Pumper der Mihail Kogalniceanu Fire Station in Rumänien verfügt über Stahlfelgen

Zur optionalen Ausstattung des neuen Fahrzeugtyps gehören der Lichtmast „Nightscan NS1.0-1000 OPT“ mit zwei 500-Watt-Halogenscheinwerfern, der über eine Kabelfernbedienung gesteuert werden kann, und der Wasserwerfer des Typs „Akron Brass DeckMaster 3440“. Er hat eine maximale Lieferleistung von 1250 gpm (4731 l/min) und kann mittels Kabelfernbedienung beziehungsweise Bedieneinheit am Pumpenbedienstand elektrisch ausgefahren und gesteuert werden. Der Schwenkbereich beträgt 340 Grad horizontal und -45/+90 Grad vertikal.

Motor und Getriebe stammen aus den Amertek-Löschfahrzeugen und wurden generalüberholt. Der Sechs-Zylinder-Zwei-Takt-Dieselmotor von Detroit Diesel mit einem Hubraum von rund 9 Litern leistet 216 Kilowatt bei 2100 min^{-1}. Die Motorkraft wird über das Allison-Automatikgetriebe HT 750 DRD mit fünf Vorwärtsgängen und einem Rückwärtsgang an die Hinterachse übertragen. Schaltgetriebe sind nach der U.S.-Vorgabe NFPA 1901 in diesem Fahrzeugtyp übrigens nicht zulässig. Die Rückleuchten und die Fahrtrichtungsanzeiger sind in LED-Form ausgeführt, wobei die Fahrtrichtungsanzeiger in Pfeilform ausgeführt sind, die sequenziell in die jeweilige Fahrtrichtung „laufen“. Besonderheit: Die Bremsleuchten flackern nach US-Vorschrift beim Bremsen zunächst, um den nachfolgenden Verkehr zu warnen. Beides soll die Erkennbarkeit deutlich verbessern.

Sonderfahrzeuge

Je nach örtlichem Bedarf des Fire Departments werden auch Sonderfahrzeuge beschafft. Ein Beispiel ist das Flughafenlöschfahrzeug „Superdragon x8 Evolution“ auf einem MAN SX 43.1000 VFAEG, das Magirus im Jahr 2008 an die Feuerwache Mannheim auslieferte (siehe Jahrbuch Feuerwehrfahrzeuge 2009, Seite 49).

Ein weiteres Beispiel ist die neue Drehleiter „L32“ der Feuerwache Ansbach-Katterbach. Die geleaste DLA (K) 23/12 wurde von Metz 2008 auf einem MAN TGM 15.280 4x2 BL aufgebaut. Als Besonderheit wird am Fahrzeugheck ein Überdruckbelüfter mitgeführt. Die Drehleiter wurde mit einem ansprechenden, selbst entworfenen Design beklebt.

Verschiedene Standorte haben in den vergangenen beiden Jahren auch neue Abrollbehälter erhalten. Abrollbehälter „Einsatzleitung“ gibt es beispielsweise in Miesau und Kaiserslautern, AB-Nachschub in Miesau und Grafenwöhr. Zudem ist an der Feuerwache Grafenwöhr noch ein AB-Tank stationiert worden.

Das erste ausgelieferte Fahrzeug war der Rescue Pumper für das Fire Fighting Training Center in Ansbach

Heckansicht des Rescue Pumper des Fire Fighting Training Center

Über eine ansprechende Beklebung an Podium, Leiterpark und Rettungskorb verfügt die DLA (K) 23/12 der Feuerwache Ansbach-Katterbach. Metz baute sie 2008 auf einem MAN TGM 15.280 auf

Berufsfeuerwehr Frankfurt am Main

Die Entwicklung des Rettungsdienstes

von Ralf Keine

Frankfurt am Main, das pulsierende Herz der deutschen Wirtschaft, gehört zu Deutschlands größten Städten. Rund 300 000 Pendler, dazu Messebesucher, Touristen und Fluggäste machen die Stadt faktisch zu einer Millionenstadt. Die Bundeswasserstraße Main mit ihren Häfen, Autobahnknotenpunkte, Störfallbetriebe, U-Bahn-Strecken und zahlreiche Hochhäuser stellen nicht nur hohe Anforderungen an die Berufsfeuerwehr im Allgemeinen, sondern insbesondere auch an ihren Rettungsdienst.

Frühe Entwicklungen

In der zweiten Hälfte des 19. Jahrhunderts begann sich in Frankfurt am Main so etwas wie ein organisierter Rettungsdienst zu etablieren. Träger waren zwei Vereine, die „Frankfurter Freiwillige Rettungsgesellschaft" und der „Frankfurter Samariterverein", die ihre Patienten zunächst noch mit der so genannten „Handmarie", einer einachsigen Räderbahre, abholten und zu Fuß zum nächsten Krankenhaus schoben. Zur F.F.R.G. ist überliefert:

„Am 12.12.1890 gründete der Heilgehilfe J. Keim eine ‚Frankfurter Freiwillige Rettungsgesellschaft', die zwar freudig begrüßt, aber nicht genügend unterstützt wurde. Seit Mai des Jahres 1882 hat sich auf Anregung eines jungen Mitgliedes eine Freiwilligen-Abteilung von 18, den wohlhabenderen Ständen angehörigen jungen Leuten gebildet, die sich der Rettung verunglückter Mitmenschen widmen. Die Herren werden mit Notverbandstaschen ausgerüstet und verpflichten sich, bei plötzlichen Unglücksfällen auf der Straße Hilfe zu leisten, sowie bei festlichen Gelegenheiten die zu errichtende fliegende Wache zu besetzen."

Schon bald aber, nachdem auf den Feuerwachen Münzgasse und Burgstraße Rettungswachen eingerichtet wurden, kam es zu einer engen Zusammenarbeit mit der Feuerwehr. Die Rettungswache in der Burgstraße galt übrigens damals als das Musterbeispiel einer modernen Rettungswache; sie hatte ein gut ausgestattetes Behandlungs- und ein Arztzimmer. Im Jahr 1899 zieht die F.F.R.G. in die Feuerwache Münzgasse ein; der Samariterverein in die Feuerwache Burgstraße. Die Vereine stellen die Fahrzeuge und den so genannten „Heilgehilfen"; die Branddirektion stellt Unter-

Dieser Mercedes-Benz/Miesen-Krankentransportwagen (Baujahr 1964) zeigt sich noch in weißer Lackierung; noch im selben Jahr erfolgte bei der Frankfurter Feuerwehr die Umstellung auf rote Fahrzeuge *Foto: Archiv Ralf Keine*

Erster Schritt in Richtung einer modernen Notfallversorgung: „Clinomobil“ auf Volkswagen von 1966. Vier dieser Fahrzeuge wurden von der Frankfurter Feuerwehr beschafft

Foto: Archiv Ralf Keine

kunft, Pferde und den Kutscher. Von den damals 35 Pferden der Berufsfeuerwehr stehen vier speziell nur für die Krankenwagen bereit. Der Frankfurter Ärzte-Verband stellt ärztliches Personal zur Besetzung der Rettungswachen. Was erst in den sechziger Jahren mühsam in Deutschland eingeführt wird, ist 1901 in Frankfurt schon Realität: bei schweren Unglücksfällen und Erkrankungen rückt bereits ein Arzt mit aus.

Nach 16 Jahren wird 1915 das Krankentransportwesen aus organisatorischen Gründen wieder aus dem Aufgabengebiet der Feuerwehr herausgenommen und an die Städtische Rettungswache abgegeben. Auch nachdem der Krankentransport durch die Städtische Rettungswache übernommen worden war, behielt die Frankfurter Berufsfeuerwehr ihren „Samariterdienst“ bei, indem sie in den Feuerwachen nun „Unfallhilfsstellen“ unterhielt. Eine Dienstanweisung vom Oktober 1936 vermerkt unter dem Stichwort: „An den Feuerwachen, an denen Unfallhilfsstellen für die Öffentlichkeit eingerichtet sind, ist täglich ein Beamter als Samariter zu bestimmen. Die Verbandstoffe werden von der Zentralrettungswache Münzgasse auf Anforderung der Wachen unentgeltlich geliefert.“

Mit Runderlass des Reichs- und Preußischen Ministers des Innern vom 10. Februar 1938 wird das Deutsche Rote Kreuz mit der Wahrnehmung des „Gesundheitlichen Rettungsdienstes“ in allen Teilgebieten beauftragt. Am 30. November 1942 wird diese Anweisung durch einen „Führererlass“ bekräftigt. Eine Verordnung vom 18. Januar 1943 zur Durchführung dieses Erlasses verfügte, dass die zur Zeit mit dem Krankentransport befassten Behörden, Körperschaften des öffentlichen Rechts, öffentliche Betriebe und andere, ihre beweglichen Einrichtungen für den Krankentransport dem DRK auf Verlangen zu Eigentum gegen Entschädigung zu übertragen haben.

Nach dem Ende des Zweiten Weltkrieges führt das DRK zunächst den Krankentransport in Frankfurt am Main fort. Ab 1949 sieht sich das Rote Kreuz aber mehr und mehr außerstande, einen geregelten Krankentransport aufrecht zu erhalten. Der Magistrat beschließt daher, ab dem 1. April 1950 den Krankentransport auf die Berufsfeuerwehr zu übertragen. 23 Heilgehilfen vom DRK übernimmt die Feuerwehr in ihre Dienste. Vom maroden Fuhrpark des Roten Kreuzes können lediglich vier Fahrzeuge übernommen werden. Der Magistrat veranschlagt zunächst 76 000 Mark, um zehn neue Krankenwagen für die Berufsfeuerwehr zu beschaffen. Im Juni 1952 stellt er im Vorgriff auf den kommenden Haushalt 34 600 Mark für die Beschaffung von drei Fahrzeugen bereit. Bereits im Frühjahr 1957 werden rund 3 000 Krankentransporte im Monat gefahren. Aufgrund der steigenden Zahlen wird ein weiterer Krankenwagen beschafft. Der Krankentransport- und Rettungsdienst nimmt nach und nach einen immer größeren Anteil im Tagesgeschäft der Berufsfeuerwehr ein. Zug um Zug wird auch der Fuhrpark des Feuerwehr-Rettungsdienstes modernisiert. Auch tauchen bereits erste „Exoten“ auf, wie 1956 der Krankenbus vom Typ Mercedes-Benz OP 311 mit Ausbau von Miesen.

Krankentransportwagen KTW

Am 1. April 1950 kehrt die Berufsfeuerwehr in den Rettungsdienst der Stadt zurück. Der Start wird mit vier Krankentransportwagen gemacht, die vom Roten Kreuz übernommen wurden. Erstes Neufahrzeug ist 1953 ein Mercedes-Benz 170 D. Das ansonsten weiß lackierte Fahrzeug trägt rote Kotflügel. 1955 wird der erste Krankenwagen auf Basis des VW-Busses in Dienst gestellt. Erste Exemplare sind weiß lackiert; Anfang der sechziger Jahre erfolgt aber die Umstellung auf eine rote Farbgebung. Im Frontbereich findet sich auf dem Dach nun ein Leuchtschild „Unfallrettung“.

Im Jahre 1955 war erstmals die DIN-Norm 75080 erschienen, die gemeinsam vom Fachnormenausschuss Kraftfahrzeugindustrie und vom Arbeitsausschuss Krankenhauswesen erarbeitet worden war. In dieser Norm wurden nun erstmals nach dem Kriege Vorschriften für den Bau und die Ausstattung von Krankenkraftwagen gemacht. Nach dieser Norm wurde der Krankenkraftwagen als Sonderfahrzeug definiert, das gleichermaßen für den Krankentransport und den Rettungsdienst bestimmt ist. Auch wenn die

Ende der sechziger Jahre führt die Frankfurter Feuerwehr ihre für Krankentransportwagen später typische Lackierung in Tagesleuchtrot (RAL 3024) mit weißer „Bauchbinde" ein. Auch einige ältere Modelle werden in dieser Zeit noch umlackiert

Foto: Archiv Ralf Keine

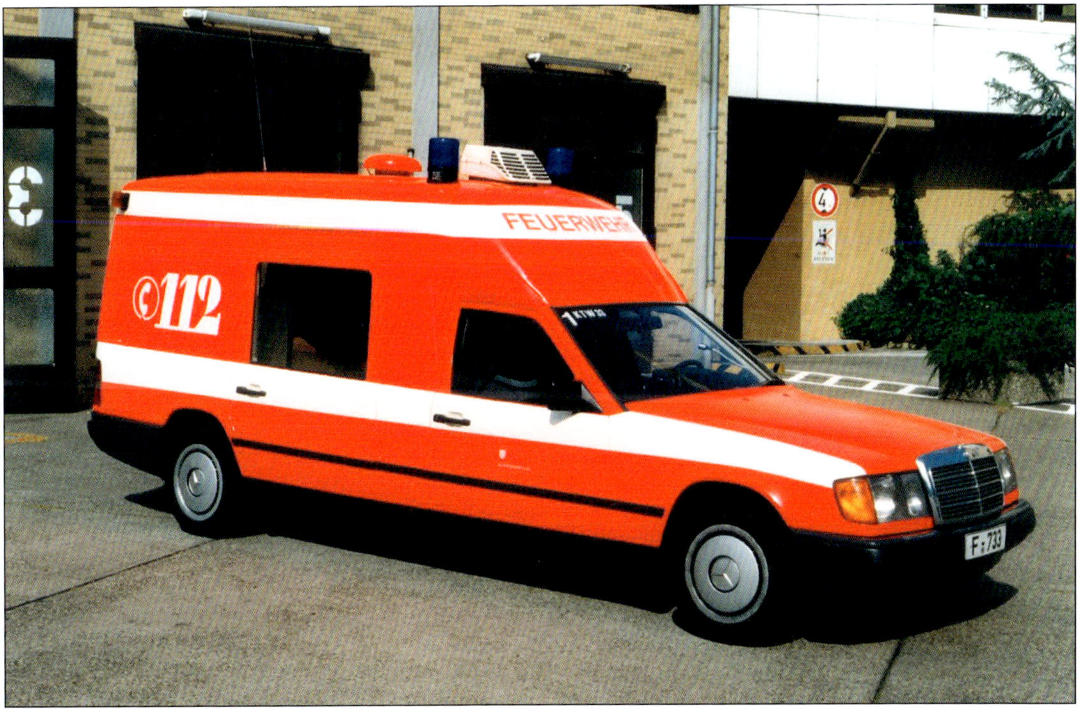

„Aus" für den Krankentransport: Die letzte Generation der elegant wirkenden KTW stellt dieser 1988 in Dienst gestellte Mercedes Benz 250 D (W 124) dar. In den neunziger Jahren zieht sich zunächst die Feuerwehr aus dem Krankentransport zurück, dann wird er in ganz Hessen völlig privatisiert

Norm nun den Begriff „Rettung“ aufbrachte, war hierunter nicht etwa die Rettung im heutigen Sinne zu verstehen. Diese existierte nämlich nur als „Einpack-Rettung“, das heißt, der Patient wurde in das Fahrzeug geladen und auf dem schnellsten Weg ins Krankenhaus gefahren. Die Ausstattung der Fahrzeuge mit medizinischem Gerät war nicht der Rede wert, der Ausbildungsstand des Personals denkbar gering. Viele schwerverletzte Patienten verstarben während des Transportes zum Krankenhaus.

Standardfahrzeug im Krankentransport bleibt jedoch der Mercedes-Benz „Hoch/Lang“ – über den 190 c, 200 D, den 220/8 und den 240 D bis zum 250 D. Die Ausbauten kamen anfangs von Miesen, später von Binz. 1971 wurde auch bei den KTW die leuchtrote Lackierung mit weißer „Bauchbinde“ eingeführt; einige bereits vorhandene Fahrzeuge wurden sogar nachträglich leuchtrot umlackiert. In den frühen achtziger Jahren begann man in Frankfurt, auch die KTW anstatt mit einer DIN-Trage mit einer Roll-in-Trage von Ferno auszustatten, was die Arbeit der Sanitäter wesentlich erleichterte.

Anfang der neunziger Jahre zog sich zunächst die Frankfurter Berufsfeuerwehr aus dem Krankentransport zurück, wenig später wurde in ganz Hessen der Krankentransport aus dem „BOS“-Bereich herausgetrennt und privatisiert. So sind heute in Hessen offiziell keine Blaulicht-KTW mehr anzutreffen. Bis kurz vor ihrer Abschaffung wurden die KTW in Frankfurt übrigens auch für den Notfalleinsatz disponiert. Die letzte KTW-Generation in Frankfurt stellt der Mercedes-Benz 250 D (Baureihe W 124 VF) von 1988 mit Aufbau der Firma Binz dar.

Rettungswagen RTW

Die erste Diversifizierung im Rettungsdienstfahrzeugbereich erfolgte in Frankfurt 1966. Ein als „Clinomobil“ bezeichneter VW T1 vom Typ 21-222 mit Hochdach erlaubte erstmals das Arbeiten am Patienten im Stehen. Das „Clinomobil“ ist der Vorläufer der später gebräuchlichen Rettungswagen. In Frankfurt bleibt aber noch der KTW das Rückgrat der Sanitätsflotte; jedoch auch ab 1966 bereits ergänzt durch Notarztwagen. Vier „Clinomobile“ waren in Frankfurt im Einsatz. Drei fielen im Laufe der Zeit Unfällen zum Opfer, eins wurde bis 1970 eingesetzt, dann an die DLRG verkauft. 1981 übernahm die Freiwillige Feuerwehr Effolterbach (Wetteraukreis) das Fahrzeug und baute es zum Gerätewagen um.

Ab 1977 hält der VW LT 31 mit Hochdach und Ausbau von Binz Einzug auf die Frankfurter Feuer-

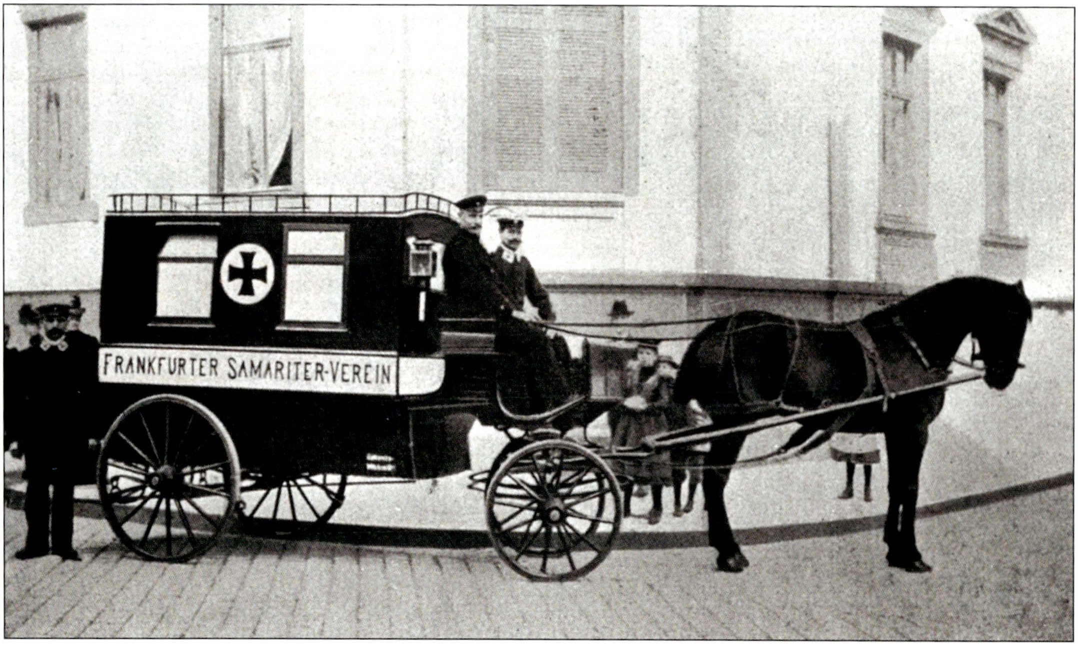

Schon Ende des 19. Jahrhunderts gab es auf den Frankfurter Feuerwachen sogenannte Rettungsstellen, die von der Feuerwehr und zwei Rettungsvereinen gemeinsam betrieben wurden. Fahrzeuge und „Heilgehilfe“ gehörten zu den Vereinen, Pferde und Kutscher zur Feuerwehr

Foto: Archiv Ralf Keine

Einer der ersten motorisierten Krankenwagen in Frankfurt, ein Magirus 2 C 1, Baujahr 1925 *Foto: Archiv Ralf Keine*

wachen. Er wird vor allem als Zug-Rettungswagen (Z-RTW) eingesetzt. Das sind Fahrzeuge, die nicht in der Regelvorhaltung disponiert werden, aber zur Spitzenabdeckung alarmiert und dann von Einsatzkräften aus dem Löschzug besetzt werden. Kurzzeitig war der Z-RTW auch Bestandteil des Löschzuges. Insgesamt acht Z-RTW waren bei der Frankfurter Feuerwehr verfügbar (Feuerwachen 1 bis 7 und Außenstelle Nieder-Eschbach). Seit der Umstellung vom Löschzug- zum Staffelkonzept gibt es nur noch vier Z-RTW (Feuerwachen 1, 3, 4 und 21). Da auf den Feuerwachen keine Löschzüge mehr stehen, steht das Kürzel Z-RTW nun für „Zusatz-Rettungswagen".

Die Rettungswagen auf VW LT wurden übrigens nicht nur als Z-RTW eingesetzt; auf den Feuerwachen mit NAW-Standorten dienten sie auch als Reserve-Notarztwagen. Ab 1985 wurden die Z-RTW und einzelne KTW gegen Rettungswagen von Binz auf Mercedes-Benz 307 D und später 310 D ausgetauscht.

Ab 1991 geht der Trend in Frankfurt weg von den KTW und RTW auf „kleinen" MB-Transporterfahrgestellen hin zu „großen" Rettungswagen. Die neue Generation hält in Form von Mercedes-Benz 711 D und 714 D mit Miesen-Ausbau zunächst Einzug als NAW und Z-RTW/Reserve-NAW. Parallel dazu werden jedoch 1995 auch noch drei RTW auf Mercedes-Benz Sprinter 312 D (Kastenwagen) beschafft. Der endgültige Umbruch zu „großen" Rettungswagen erfolgt im Frühjahr 1998, als eine Serie von fünf Mercedes-Benz 614 D, nun erstmals mit Ausbau durch die Firma Wietmarscher Ambulanz- und Sonderfahrzeugbau (WAS) in Dienst gestellt wird. Äußerlich sind die neuen Fahrzeuge an einem etwas geänderten Design mit weißem Schrägbalken und den Logos aller Frankfurter Rettungsdienstorganisationen zu erkennen.

Da zu dieser Zeit bereits das Ende der Notarztwagen und die Umstellung auf NEF absehbar ist, laufen bereits Planungen für die nächste RTW-Generation, die in Frankfurt unter dem Namen „RTW 2000" gehandelt wird. Die zukünftigen NEF-Notärzte fordern einheitliche RTW für alle in Frankfurt am Rettungsdienst beteiligten Organisationen, um nicht bei jedem Einsatz das erforderliche Material an anderer Stelle suchen zu müssen. Das Ergebnis waren über 30 identische Rettungswagen, von denen 18 an die Berufsfeuerwehr, die übrigen an die Sanitätsorganisationen ASB, DRK, JUH, MHD und RBE gingen. Auch äußerlich waren die Fahrzeuge nur durch das Logo der jeweiligen Organisation zu unterscheiden. Erstmals kamen in Frankfurt nun Rettungswagen mit Kofferaufbauten zum Einsatz; auf Mercedes-Benz Sprinter 412 D hatte die Firma WAS ihre Koffer gesetzt.

Die ersten Rettungswagen der Frankfurter Feuerwehr, die diesen Namen zu Recht trugen, waren diese VW LT mit Hochdach, die in den siebziger Jahren als „Z-RTW" beziehungsweise als Reserve-Notarztwagen eingeführt wurden. Hier ein seltenes Foto eines LT als NAW, zusammen mit dem damals noch gelb lackierten Frankfurter Rettungshubschrauber Christoph 2, der ebenfalls von Feuerwehrsanitätern besetzt wird

Foto: Bildstelle Branddirektion

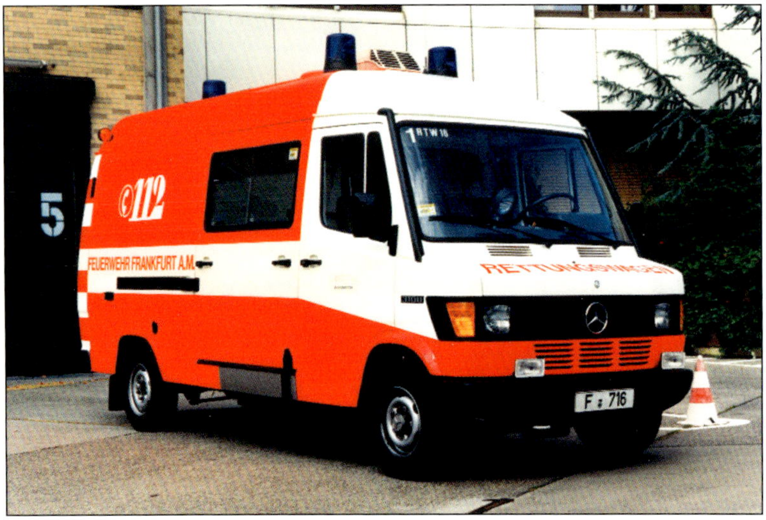

Die ersten in größerer Zahl beschafften Rettungswagen basierten auf den Mercedes-Benz-Kleintransporter-Fahrgestellen 307 D und 310 D

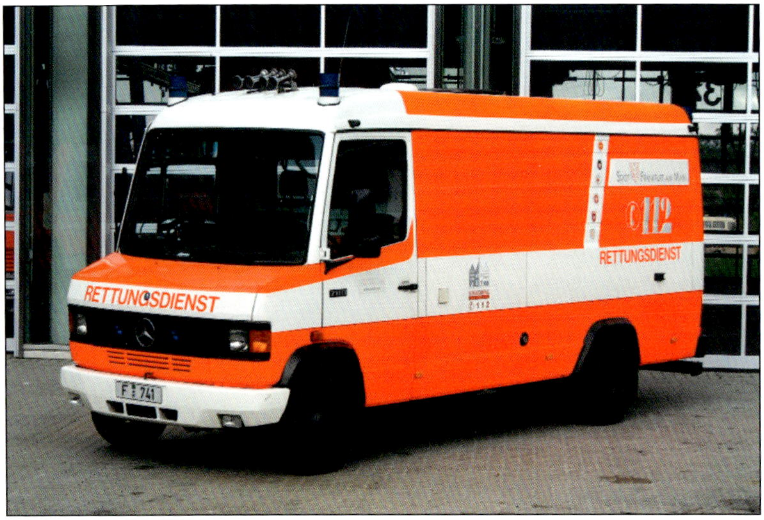

In den achtziger und neunziger Jahren kommen dann als RTW und NAW in größerer Zahl Mercedes-Benz-Fahrgestelle der Typen 609 D bis 711 D mit kurzem und langem Radstand und mit Binz- bzw. WAS-Ausbauten zum Einsatz

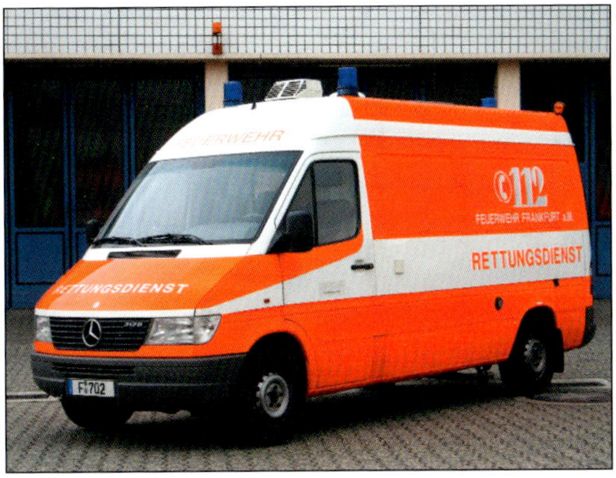

Keine große Rolle unter den RTW spielten diese Mercedes-Benz Sprinter 312 D, die noch als Kastenwagen aufgebaut waren. Nur wenige Fahrzeuge wurden beschafft

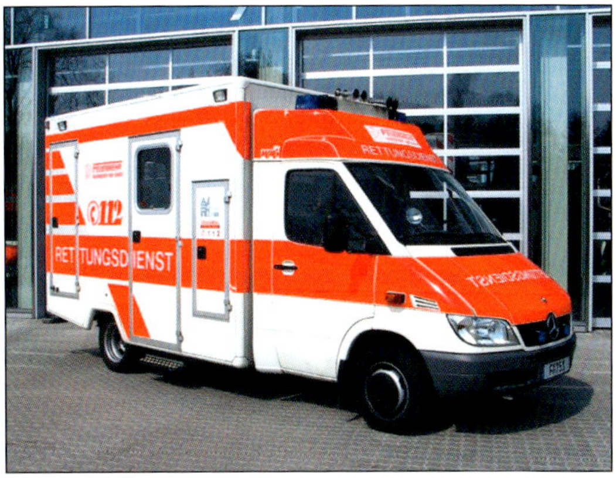

Im Jahr 2000 wurden erstmals Rettungswagen in Großserie bestellt. Alle Feuerwachen und alle Frankfurter Sanitätsorganisationen erhielten baugleiche RTW vom Typ Mercedes-Benz Sprinter 416 CDI mit Kofferaufbau von Wietmarscher

Ab Herbst 2008 wurden die Frankfurter RTW gegen eine weitere Großserie ausgetauscht. Wieder verfügen Feuerwehr und Hilfsorganisationen über identische Fahrzeuge: MB-Sprinter 515 CDI mit Fahrtec-Aufbauten *Foto: M. Schmidt*

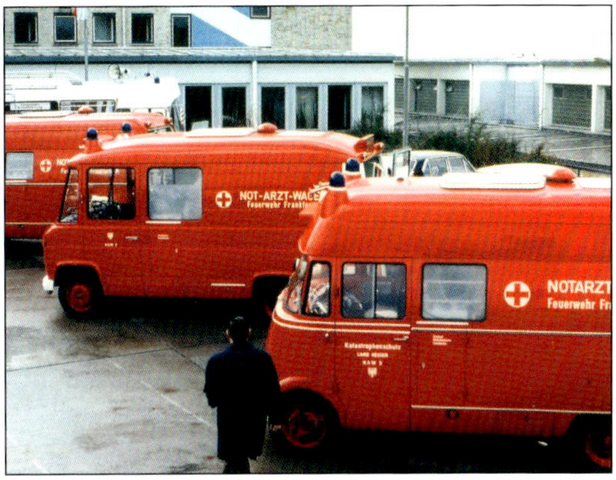

Die ersten zwei Frankfurter NAW, beides MB L 408 der ersten Bauform mit Miesen-Ausbau, wurden mit Katastrophenschutzmitteln beschafft. Hier die Indienststellung des dritten NAW im Jahr 1968 *Foto: Herbst /Archiv Ralf Keine*

Fast ein Vierteljahrhundert lang bestand die Frankfurter NAW-Flotte dann fast ausschließlich aus den „Düsseldorfern" von Mercedes-Benz mit kurzem oder langem Radstand, zunächst in Rot, später in Rot-Weiß. Die „Roten Diven" waren dann auch Hauptdarsteller in der Fernsehserie „Notarztwagen 7"

Die Vorherrschaft des Sterns wurde in den achtziger Jahren durch zwei NAW-Prototypen von Neoplan unterbrochen. Das hier gezeigte kürzere der beiden Fahrzeuge erlebte noch einen Umbau zum Intensiv-Verlegungs-Notarztwagen mit besonderer technischer Ausstattung für den Interhospitaltransfer von Intensiv-Patienten

Die vorerst letzte RTW-Generation, wieder eine große Serie mit einheitlichen Fahrzeugen für alle Organisationen, wurde ab Herbst 2008 eingeführt. Es handelt sich um Mercedes-Benz „Sprinter“ 515 CDI; der Kofferaufbau samt Einrichtung kommt diesmal von der Firma Fahrtec. Von außen auffällig sind die Rückkehr zu einem „feuerwehrigen“ Design und die Einführung der LED-Technik bei den optischen Sondersignalen. Auch im Inneren des Fahrzeuges hat sich einiges getan, zum Beispiel mit neuen Generationen von Medizingeräten. Die Roll-in-Trage und der Patiententragestuhl stammen nun nicht mehr von Ferno, sondern von Stryker.

Rettungswagen des Akut-Rettungs-Teams (ART)

Aus den Erfahrungen mit Amokläufen wie am Gutenberg-Gymnasium in Erfurt hat auch die Frankfurter Feuerwehr Konsequenzen gezogen. Seit 2003 hat die Frankfurter Berufsfeuerwehr ein so genanntes „Akut-Rettungs-Team“ (ART) installiert, für das jeden Tag ein eigener Alarmierungsplan gilt. Pro Schicht sind vier ART-Angehörige verfügbar. Die Angehörigen des ART sind eng an das Sondereinsatz-Kommando (SEK) der Frankfurter Polizei gebunden und nehmen regelmäßig an den Einsatzübungen des SEK teil.

Wird das SEK zu einer Amok-Lage oder zu einer Geiselnahme gerufen, erfolgt parallel die Alarmierung des ART-Teams der Feuerwehr, das mit einem eigenen Rettungswagen die Einsatzstelle anfährt. Dringt das SEK in Gebäude ein, gehen die ART-Angehörigen zusammen mit der Polizei vor. Sie tragen dabei die gleiche Schutzkleidung wie die Polizei (ist auf RTW verlastet), also ballistische Schutzkleidung und Schutzhelm, sind aber unbewaffnet. Ihre Aufgabe ist es, aufgefundene Amok-Opfer oder durch Schusswechsel verletzte Polizisten sofort in gesicherten Räumen rettungsdienstlich zu versorgen. Lagegemäß arbeiten die ART-Mitarbeiter in einer erweiterten Notkompetenz gegebenenfalls in Rücksprache über Funk mit dem LNA außerhalb des Gefahrenbereiches. Dies und die zu erwartenden Verletzungsmuster erfordern eine besondere Bestückung der Notfallrucksäcke des ART-Teams, deren Inhalt durch rettungsdienstliche Normen an neue Erkenntnisse angepasst wird.

Notarztwagen NAW

Mitte bis Ende der fünfziger Jahre setzte sich in einigen Köpfen bereits die Erkenntnis durch, dass es besser wäre, den Patienten zunächst durch einen Arzt oder gut ausgebildeten „Rettungssanitäter“ transportfähig zu machen und erst danach unter fachgerechter Betreuung in eine Klinik zu transportieren. Im Februar 1957 startete Professor Bauer von der Chirurgischen Universitätsklinik in Heidelberg Versuche mit einem „Klinomobil“, einem umgebauten Reisebus, der nicht nur den Arzt, sondern praktisch einen kompletten Operationssaal an den Patienten heranführte. Obwohl man mit dem „Klinomobil“ beachtliche Erfolge erzielte, zeigte sich jedoch schnell, dass ein solch großes Fahrzeug für den Großstadtbetrieb zu unhandlich war und auch die Geräteausstattung weit über den tatsächlichen Erfordernissen lag.

Im Juni 1957 begann man in Köln ein ähnliches Experiment, jedoch mit einem kleineren Fahrzeug, das sich auf Anhieb bewährte. Nach der erfolgreichen Erprobung übernahm die Stadt Köln den „Notarztwagen“. Köln war somit die erste und blieb einige Jahre die einzige Stadt mit einem Notarztwagen. Zunächst schien es so, als würde es im übrigen Land bei der „Einpackrettung“ bleiben.

Im Juni 1965 wird im Heizkraftwerk in der Gutleutstraße ein Arbeiter in einem Kohlenbunker verschüttet und von der Feuerwehr nach über zweistündiger Arbeit buchstäblich in letzter Sekunde gerettet. Während der gesamten Dauer der Rettungsarbeiten findet sich trotz intensiver Bemühungen von Feuerwehr und Polizei kein Arzt, der bereit ist, an die Unglücksstelle zu kommen und dem Notleidenden zu helfen. Dieses Geschehen gibt bei der Branddirektion den letzten Ausschlag, einen Notarztwagen anzuschaffen und zu besetzen. Treibende Kraft ist neben Ernst Achilles von der Feuerwehr der Obermedizinalrat Dr. Kunz.

Mit Mitteln aus dem Katastrophenschutz des Landes Hessen wird das erste, 85 000 DM teure Fahrzeug beschafft; ein Mercedes-Benz L 408 mit Ausbau von Miesen. 1966 erfolgt die Indienststellung. Das Fahrzeug ist mit zwei Feuerwehrmännern der Feuerwache 1 und einem Arzt des Unfallkrankenhauses besetzt. Erst nach Indienststellung des Feuerlöschbootes wird der NAW organisatorisch der Feuerwache 2 in der Burgstraße zugeordnet; die Feuerwache 1 übernimmt nun die Besetzung des FLB.

Bereits ein Jahr später, im Juli 1967, wird der zweite NAW installiert. Wieder handelt es sich um einen mit Katastrophenschutzmitteln des Landes beschafften L 408 mit Miesen-Ausstattung. Der NAW wird mit Feuerwehrmännern der Feuerwache 6 in Sachsenhau-

Die letzte Generation Frankfurter Notarztwagen bildeten Mercedes-Benz T2 (Vorläufer des Vario). Nach ihrer Außerdienststellung als NAW liefen sie zum Teil noch bis ins Frühjahr 2009 als Z-RTW bzw. als Reservefahrzeuge

Mit der Umstellung vom Notarztwagen auf das „Rendezvous"-System im Frühjahr 2001 wurden in Frankfurt die ersten Notarzt-Einsatzfahrzeuge NEF in Dienst gestellt: VW T5 mit WAS-Ausbau

sen und Ärzten der Universitätskliniken besetzt. Wiederum ein Jahr später folgt die dritte und zunächst letzte Installation eines NAW-Dienstes. Diesmal aus städtischen Mitteln wird ein L 408 der neuen Generation („Düsseldorfer Transporter") in Dienst gestellt. Die Stationierung erfolgt an den Städtischen Kliniken in Höchst, das Feuerwehrpersonal kommt von der Wache in Nied.

Die erste NAW-Generation verfügte noch über eine heute etwas skurril erscheinende Beladung; es wurde zum Beispiel Brechwerkzeug und ein Autogen-Schneidbrenngerät mitgeführt. Man muss sich jedoch klarmachen, dass zu diesem Zeitpunkt auch in Frankfurt das HLF noch nicht „erfunden" war und bei den damals sehr zahlreichen Verkehrsunfällen mit eingeklemmten Personen das Eintreffen eines Rüstwagens an der Einsatzstelle abgewartet werden musste.

Wer nun aber glaubt, dass der NAW als segensreiche Einrichtung willkommen geheißen wurde, der irrt sich gewaltig. Das Gegenteil war zunächst der Fall. Der NAW wurde als „Rote Diva" verspottet. Auch in den Köpfen der Bevölkerung musste erst einmal ankommen, dass es für eventuell zuerst eintreffende Krankenwagen bei der Versorgung von Schwerverletzten nun nicht mehr „Load and go" sondern „Stay and play" hieß. Nach einer Explosion im Bahnhofsviertel im Mai 1968 wurden in einem Krankenwagen zwei verletzte Arbeiter durch Feuerwehrleute versorgt. Wegen der schweren Verletzungen der Patienten wurde das Eintreffen des Notarztwagens erwartet. In Unkenntnis dieser Tatsache baute sich bei den Schaulustigen der Eindruck auf, der Abtransport der Verletzten würde durch die Feuerwehrleute verzögert. Schließlich wurden durch die Zuschauer die Türen des Krankenwagens aufgerissen und die Feuerwehrleute tätlich angegriffen. Es wird berichtet, es habe eine regelrechte „Lynch-Stimmung" bestanden. In den folgenden Tagen wurde der Vorfall immer wieder von der Presse aufgegriffen. Die Bevölkerung wurde in verschiedenen Artikeln und Stellungnahmen aufgefordert, in Zukunft bei ähnlichen Fällen Ruhe zu bewahren. Durch eine umfassende Öffentlichkeitsarbeit und Berichterstattung setzte sich nach und nach sowohl bei der Frankfurter Bevölkerung als auch in der Fachwelt die Erkenntnis durch, dass mit dem Notarztwagensystem eine vorbildliche Einrichtung geschaffen wurde.

Die siebziger Jahre bringen eine Modernisierung der NAW-Flotte. Hierzu werden auch private Mittel eingesetzt. Als der Deutsche Fachverlag im Frankfurter Westend 1972 sein 25-jähriges Jubiläum feiert, verzichtet man auf eine große Feier und spendiert stattdessen der Feuerwehr einen neuen NAW. Feuerwehrchef Achilles zieht derweil die Bilanz der NAW-Einsätze: „1578 Menschenleben konnten bisher in über 6000 Einsätzen gerettet werden."

Ein besonderes Highlight ist 1976 der Dreh der Vorabendserie „Notarztwagen 7", in dem der am Unfallkrankenhaus stationierte Wagen (eigentlich NAW 2) die „Hauptrolle" spielt. Die Serie ist bis heute Kult und erschien nach vielen Wiederholungen im Fernsehen vor einiger Zeit auch auf DVD. Bei den Besatzungen des NAW und der Feuerwehrfahrzeuge handelte es sich übrigens nicht um Schauspieler, sondern um echte Frankfurter Feuerwehrleute.

Die achtziger Jahre bringen eine erneute Verjüngung der NAW-Flotte; diesmal mit aufsehenerregenden Innovationen. Als „Notarztwagen der Zukunft" stellt die Berufsfeuerwehr Frankfurt Mitte Februar 1985 den Prototyp eines NAW auf einem Kleinbusfahrgestell vom Typ Neoplan N 907 in Dienst. Der Ausbau stammt von Binz. Das 250 000 DM teure Fahrzeug mit einer Länge von knapp 7 m soll einen besonders schonenden Transport schwerverletzter Patienten ermöglichen. Hierzu ist es mit einer Luftfederung versehen. Aus deren Federbälgen kann die Luft auch abgelassen werden, um die Einstieghöhe des Fahrzeuges zu verringern. Über eine kleine ausziehbare Rampe an der Heckseite, welche übrigens durch pneumatisch betätigte Omnibustüren verschlossen wird, kann der Patient mit einer Fahrtrage direkt in den Patientenraum eingeschoben werden. Der Neoplan-NAW wird am Unfallkrankenhaus stationiert. Ein zweiter NAW gleichen Typs wird 1987 an den Universitätskliniken stationiert; aus den Erfahrungen mit dem ersten Fahrzeug wird das zweite jedoch knapp einen Meter kürzer.

Notarzt-Einsatzfahrzeuge NEF

Im Februar 2001 schafft die Frankfurter Feuerwehr nach über dreißig Jahren schweren Herzens ihre Notarztwagen ab und ersetzt sie durch Notarzt-Einsatzfahrzeuge NEF; wie übrigens andere Städte auch. Kostendruck und erforderliche Flexibilität machen den Systemwechsel erforderlich. An den bisherigen vier NAW-Standorten (zwischenzeitlich ist das Nordwest-Krankenhaus dazugekommen) werden NEF auf Basis des Volkswagen T5 mit Ausbau von WAS in Dienst gestellt. Im Frühjahr 2009 kommt dann ein fünftes NEF, das am Hospital zum Heiligen Geist stationiert wird, hinzu. Im Sommer 2009 sind die NEF, die mittlerweile hohe Kilometerleistungen aufwiesen, ersetzt worden. Nachfolger der Volkswagen sind Mercedes-Benz Vito mit Ausbau der Firma Friedrichs in Frankfurt unter Verwendung von Sortimo-Elementen.

Baby-Notarztdienst

1993 rüstet die Berufsfeuerwehr einen ausgemusterten Rettungswagen vom Typ Mercedes-Benz 307 D in eigenen Werkstätten zum ersten Baby-Notarztwagen der Stadt um. Das Fahrzeug wird unter anderem mit einem Intensiv-Transportinkubator der Firma Dräger, Typ ITI 5400 und einem Dräger Babylog Beatmungsgerät ausgestattet. Am 22. Dezember 1993 wird das Fahrzeug offiziell dem Einsatzdienst übergeben. Die Stationierung erfolgt an der Feuerwache 5 in Nied, Ärzte und Kinderkrankenschwestern stellen die Städtischen Kliniken in Höchst bereit. Ende der neunziger Jahre wird das Fahrzeug durch einen MB Sprinter (ein ausgemusterter RTW in Kastenwagenbauform) ersetzt.

Im Rahmen einer Schenkung der Kinderhilfestiftung e.V. zur Förderung eines kindgerechten Rettungsdienstes wird der Feuerwehr im Dezember 2005 ein neuer Baby-NAW übergeben. Auf einem Fahrgestell vom Typ Mercedes-Benz Sprinter 416 CDI wurde das Fahrzeug von der Firma WAS aufgebaut. Der Baby-NAW wird vorrangig für medizinisch indizierte Verlegungsfahrten von Neugeborenen und Säuglingen eingesetzt.

Gleichzeitig mit der Übergabe des neuen Baby-NAW erfolgt die Übergabe eines Baby-NEF, des ersten in Frankfurt. Der Ausbau des BMW X3 3.0 d erfolgte ebenfalls durch die Firma WAS. Im Herbst 2008 folgt ein zweites Baby-NEF, ebenfalls von WAS ausgebaut; diesmal auf Basis eines Mercedes-Benz ML 280 CDI.

Intensiv-Verlegungs-Notarztwagen

Im Jahr 1994 erhält die Berufsfeuerwehr Frankfurt vom Hessischen Ministerium für Jugend, Familie und Gesundheit den Auftrag, einen zusätzlichen Notarztwagen für spezielle Sekundärtransporte zu installieren. Hierzu wird der kürzere der beiden Neoplan-NAW zum „Intensiv-Verlegungs-Notarztwagen" umgebaut und im Oktober 1994 in Dienst gestellt. Organisatorisch wird das Fahrzeug zunächst der Feuerwache 2 in der Burgstraße zugeordnet. Neben zunächst rund 1000 Interhospitaltransfers von Intensivpatienten wird der „Inver", wie er von den Feuerwehrleuten kurz genannt wird, auch immer häufiger zu Primäreinsätzen wie ein regulärer Notarztwagen eingesetzt. Dies führt schließlich zu einer Veränderung der Struktur. Nach entsprechenden Vorbereitungen zieht der „Inver" als Notarztwagen 7 (!) zum Nordwest-Krankenhaus um und bedient von hier Primär- und Sekundäreinsätze.

Als nach der Umstellung auf das NEF-System ein NEF am Nordwest-Krankenhaus stationiert wird, wird der „Inver" (später: ITW) wieder zum reinen Intensivverlegungsfahrzeug und organisatorisch der Feuerwache 1 in der Hanauer Landstraße zugeordnet. Die ärztliche Besetzung erfolgt nun durch das Hospital zum Heiligen Geist. Zu diesem Zeitpunkt ist der Neoplan bereits durch einen Mercedes-Benz Vario mit langem Radstand (ebenfalls ein umgebauter ehemali-

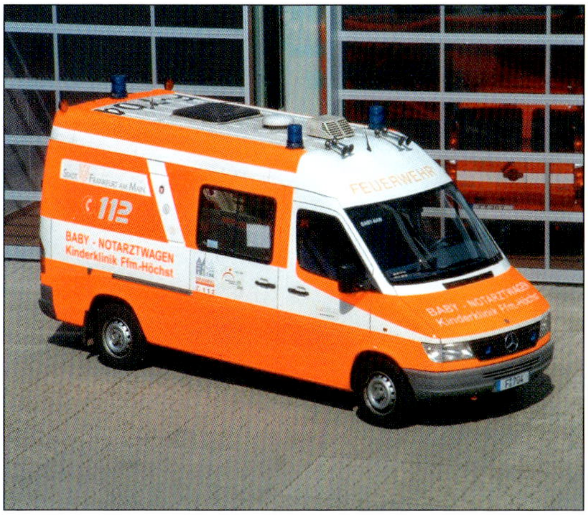

Schon die zweite Generation der Frankfurter Baby-Notarztwagen stellt dieser Mercedes-Benz Sprinter dar. Er entstand ebenso wie sein Vorgänger, ein MB 307 D, aus einem ehemaligen RTW *Foto: M. Schmidt*

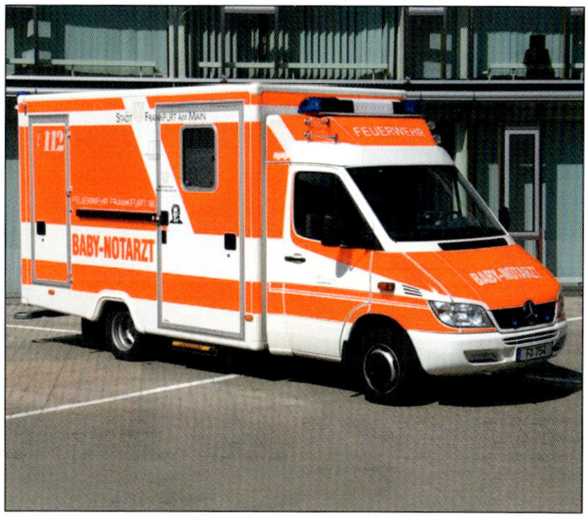

Erster neu beschaffter Baby-NAW war dieser von der Kinderhilfe gestiftete MB Sprinter 416 CDI mit Kofferaufbau der Firma WAS *Foto: M. Schmidt*

Das erste Baby-NEF der Berufsfeuerwehr war dieser von der Kinderhilfe gestiftete BMW X3 3.0 d *Foto: M. Schmidt*

Im Herbst 2008 folgte als zweites Fahrzeug dieser Mercedes-Benz der ML-Klasse

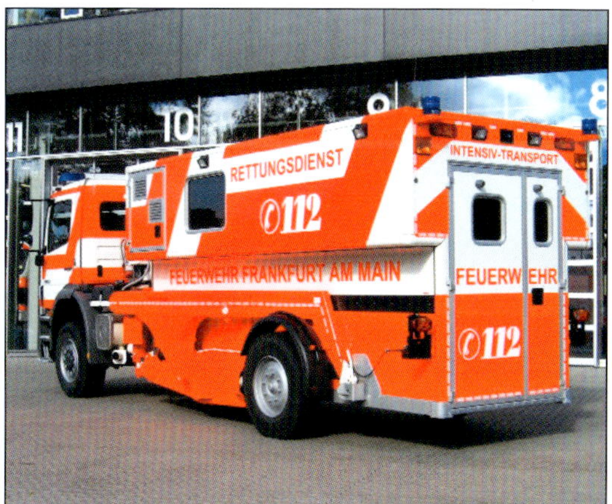

Sonderkomponente im Rettungsdienst: Wechselladerfahrzeug Mercedes-Benz Axor 1833 mit Ruthmann-Aufbau und Rettungszelle von WAS zum Transport stark adipöser oder hochkontagiöser Patienten *Fotos: M. Schmidt*

ger NAW) ersetzt. Nach der Schließung der Feuerwache 1 an der Hanauer Landstraße wird der nun als ITW bezeichnete Wagen der Hafenfeuerwache zugeordnet. Hier erfolgt ein weiterer Modellwechsel auf ein Fahrzeug aus der „RTW 2000"-Serie. Im Frühjahr 2009 wird erstmals ein fabrikneues Fahrzeug als ITW in Dienst gestellt; wie die RTW ein Mercedes-Benz Sprinter 515 CDI mit Fahrtec-Ausbau.

Für „schwere Fälle": S-RTW

Wie bei anderen Feuerwehren auch, sieht man sich in Frankfurt, insbesondere seit den neunziger Jahren, mit der Problematik extrem übergewichtiger, „adipöser" Patienten konfrontiert. Diese Patienten können mit herkömmlichen Rettungsfahrzeugen nicht transportiert werden, weil die Fahrtragen und die Aufnahmevorrichtungen („Schwebetische") in den Fahrzeugen nicht für solche Massen und Körpervolumen ausgelegt sind. Immer wieder brechen Fahrtragen unter überschweren Patienten zusammen.

Planbare Verlegungen solcher Patienten werden mit speziellen Krankenhausbetten an Bord des Taucherwagens, aus dem zuvor die Taucherdruckkammer ausgebaut werden muss, durchgeführt. Für solche Transporte, durch die der Taucherwagen in seiner eigentlichen Funktion ausfällt, wird die Frankfurter Feuerwehr oft überörtlich, sogar bis nach Nürnberg angefordert. Noch schlimmer sieht es bei Primär-Notfällen aus. Da werden Transporte schon mal mit Arztbegleitung auf der Ladefläche eines Feuerwehr-LKW durchgeführt, was andernorts schon dazu geführt hat, dass die Feuerwehr (übrigens erfolglos) vor Gericht verklagt wurde.

In Frankfurt kommt die Lösung des Problems im November 2006 in Form eines Spezial-Rettungswagens (S-RTW). Das Fahrgestell bildet ein Mercedes-Benz Axor 1823 AK mit Ruthmann-Niederflur-Hubeinrichtung HD 23139. Dieses WLF trägt einen absetzbaren Koffer, der eingerichtet ist zum Transport von adipösen, aber auch von hochkontagiösen Patienten. Der Koffer ist ausgelegt für liegend zu transportierende Patienten von maximal 720 kg. Alternativ lässt sich eine Bestuhlung für sechs sitzende Patienten einbauen. Der Koffer kann autark betrieben werden. Hierzu verfügt er über einen Stromerzeuger, eine Sauerstoffversorgung und eine Druckluftversorgung. Eine Klimaanlage, die einen leichten Unterdruck im Behälter erzeugt, um das Entweichen von Bakterien und Viren zu verhindern, kann die Patientenzelle heizen und kühlen. Funkgeräte im 2-m- und 4-m-Band-Bereich sind ebenfalls fest installiert.

Großraum-Rettungswagen G-RTW

Bereits Anfang der fünfziger Jahre steht der Feuerwehr ein gebrauchter Bus für den Transport einer größeren Anzahl von Patienten zur Verfügung. 1956 wird dann ein neues Fahrzeug beschafft; ein Mercedes-Benz OP 311 mit Ausbau von Miesen. Der „Krankenbus (KB)" stellt sieben Sitzplätze und zwölf Liegeplätze oder nach Umbau 29 Sitzplätze zur Verfügung. Über eine ausziehbare Rampe am Heck können liegende Patienten relativ einfach ein- und ausgeladen werden.

1980 wird der Krankenbus durch ein Neufahrzeug vom Typ Magirus-Deutz L 117 mit Ausbau von Binz ersetzt. Auch dieser Bus lässt sich den jeweiligen Anforderungen entsprechend umbauen. Es können 19 sitzende und sechs liegende Patienten oder sechs Patienten in Rollstühlen transportiert werden; andere Kombinationen sind ebenfalls möglich. An der hinteren Tür befindet sich ein elektrischer Hublift für Rollstühle. Der Bus, der seit einiger Zeit nicht mehr als Krankenbus, sondern als G-RTW bezeichnet wird, verfügt über eine eigene Sauerstoffversorgung. Für Großschadensfälle werden in den Staukästen ein Großunfallset, Krankentragen und Notfalltaschen mitgeführt. Das Fahrzeug ist bis zum heutigen Tage im Dienst; die Vorbereitungen für eine Ersatzbeschaffung laufen derzeit.

Groß-Anhängerprogramm: AMBA und BETA

Einmalig in Deutschland war das 1982 beschaffte Anhängerprogramm mit Anhängern der 16-t-Klasse, gebaut von der Frankfurter Firma Gaul. Einer dieser Anhänger war der Ambulanz-Anhänger (AMBA), ausgebaut von Binz. Der 9,15 m lange Anhänger bildete eine taktische Einheit zusammen mit dem „Abrollbehälter Ambulanz". Der Anhänger diente der Patientienversorgung bei Großschadenslagen, insbesondere auch als chirurgische Durchgangsstation. Ein weiterer, äußerlich identischer Großanhänger war der Betreuungs-Anhänger (BETA), der sowohl der Betreuung von Verletzten oder Evakuierten als auch der von Einsatzkräften bei lang andauernden Einsätzen zugedacht war. Alle Anhänger verfügten über eine Standheizung, Wasserversorgung und eine fest eingebaute Toilette. Der Betreuungsanhänger verfügte zusätzlich über einen Wasch- und Duschraum, Radio- und Fernsehan-

Der erste brauchbare Krankenbus der Berufsfeuerwehr, ein 1955 in Dienst gestellter Mercedes-Benz OP 311 mit Ausbau durch die Firma Miesen, konnte über eine ausziehbare Rampe am Heck be- und entladen werden. Das Fahrzeug erhielt in den sechziger Jahren die für Frankfurt damals typische Rot-Weiß-Lackierung *Foto: Archiv Ralf Keine*

Der Nachfolger, ein Magirus-Deutz L 117, der 1980 von Binz ausgebaut wurde, sieht mittlerweile ebenfalls seiner Außerdienststellung durch Ersatzbeschaffung entgegen

lage sowie zehn Übernachtungsmöglichkeiten. Ab September 1995 wurde das Großanhängerprogramm nach und nach außer Dienst gestellt. Die beschriebenen Betreuungsfunktionen werden heute durch die Abrollbehälter „Aufenthalt" und „Hygiene" (letzterer mit getrennten Damen- und Herrentoiletten) erfüllt.

Abrollbehälter Rettung (AB-Rett)

Ursprünglich Ende der siebziger Jahre als „Wechsellader-Aufbau* (WLA) Ambulanz" als Bestandteil des „Ambulanz-Zuges" der Berufsfeuerwehr in Dienst gestellt, wurde der Abrollbehälter mehrfach umgebaut und an veränderte Gegebenheiten angepasst. Heute stellt sich der Behälter ähnlich dar wie die bei vielen Berufsfeuerwehren verwendeten „MANV-50"-Container (MANV 50 = Massenanfall von Verletzten bis 50 Personen) und wird taktisch gleichwertig eingesetzt. Der Abrollbehälter ist ebenso wie der Großraum-Rettungswagen Bestandteil der SEG Rettung der Feuerwehr, in der neben Kräften der heutigen Feuerwache 4 in Sachsenhausen auch viele Angehörige der Freiwilligen Feuerwehr tätig sind. Für Einsätze, die über den MANV-50-Fall hinausgehen, sind in verschiedenen Feuerwachen Großunfall-Sets eingelagert.

Einsatzfahrzeuge für OLRD und LNA

In einer Großstadt wie Frankfurt am Main kommt es immer wieder zum Massenanfall von Verletzten (MANV), sei es durch verdorbene Speisen in der Kantine einer Großbank oder, wie zuletzt, bei einem Chlorgasausbruch mit einem Toten und über 100 Verletzten. Mit der Zeit hat sich herauskristallisiert, dass solche Einsätze ohne eigene Führungsstrukturen für den Rettungsdienst nicht vernünftig abzuarbeiten sind. Wichtigste Säulen sind hier der Organisatorische Leiter Rettungsdienst (OLRD) und der Leitende Notarzt (LNA).

Erstes Einsatzleitfahrzeug für den Rettungsdienst war in den neunziger Jahren ein BMW 318i, Baujahr 1988, den man vom Katastrophenschutz übernommen und von KatS-Orange in Feuerwehrrot umlackiert hatte. Relativ schnell kamen 1999 dann aber zwei Kombis vom Typ BMW 520 d. Nach zehn Jahren Einsatzdienst wurden die BMWs kürzlich gehen zwei Mercedes-Kombis ausgetauscht.

** Traditionelle Frankfurter Bezeichnung für Abrollbehälter*

Erster „Einsatzleitwagen“ für den Rettungsdienst in den neunziger Jahren: Der BMW 318i, Baujahr 1988, war ursprünglich orange und war für Katastrophenschutzaufgaben eingesetzt worden

Die Nachfolger: Dem ersten BMW folgten 1999 zwei feuerrote BMW 520 d touring, die im Frühjahr 2009 durch zwei auffällig beklebte Mercedes-Kombis für OLRD und LNA ersetzt wurden *Foto: M. Schmidt*

Die Claas-Werkfeuerwehr

von Oliver Aust

Claas ist ein internationaler Landmaschinenkonzern und Markt- und Technologieführer im Bereich Erntetechnik. Das 1913 gegründete Familienunternehmen hat seinen Hauptsitz in Harsewinkel (Westfalen). Dort werden die Hauptprodukte des Unternehmens hergestellt: Mähdrescher, selbstfahrende Feldhäcksler und das Systemfahrzeug Xerion. Etwa 3 000 Mitarbeiter sind in Harsewinkel beschäftigt. Das Werk wurde in den vergangenen Jahren mit einem Investitionsaufwand von etwa 60 Millionen Euro umstrukturiert und gilt heute als das modernste Landmaschinenwerk der Welt.

Bedingt durch die Art der Produktion der Mähdrescher und Feldhäcksler sind am Standort Harsewinkel übergroße Brandabschnitte entstanden (etwa 200 000 m^2 überdachter Fläche), die aus der Sicht des Brandschutzes die Vorhaltung einer behördlich anerkannten Werkfeuerwehr notwendig machen. Diese anerkannte Werkfeuerwehr besteht seit 1969. Derzeit gehören der Claas-Werkfeuerwehr insgesamt sechs hauptberufliche und 30 nebenberufliche Feuerwehrangehörige an.

Die hauptberuflichen Mitarbeiter der Claas-Werkfeuerwehr sind an Werktagen im Tagesdienst (mit einer versetzten Schicht) in der Zeit von 6.00 Uhr bis 18.00 Uhr im Werk. Für die übrige Zeit besteht eine Einsatzleiterbereitschaft. Die nebenberuflichen Mitarbeiter sind je nach Abteilung und Produktionsanforderungen in Früh-, Spät- und Nachtschichten in ihren Bereichen auf dem Werkgelände eingebunden. Die Aufgaben der hauptberuflichen Mitarbeiter liegen vor allem im Bereich des vorbeugenden Brandschutzes. Hierzu gehört zum Beispiel die Überprüfung und War-

Mehrzweckfahrzeug (MZF) Ford Tourneo Connect, Ausbau: Sortimo, Bielefeld, Baujahr 2004, dient als Kommandowagen für den Einsatzleiter, als Einsatzfahrzeug für die Betriebssanitäter der Werkfeuerwehr, zum Transport von verletzten und erkrankten Mitarbeitern zum Durchgangsarzt und als Fahrzeug für allgemeine Transportaufgaben

tung von Sprinkler- und sonstigen Löschanlagen, Brandmeldeanlagen, Feuerlöschern, Wandhydranten, Feuerschutzabschlüssen, die Unterweisung und Schulung der Mitarbeiter des Werkes und die Überwachung von Schweiß- und Feuerarbeiten. Auch die Unfallrettung (First-Responder), die Unterstützung des öffentlichen Rettungsdienstes bei Einsätzen auf dem Werkgelände und der Transport von Mitarbeitern zum Durchgangsarzt werden von den hauptberuflichen Mitarbeitern durchgeführt. Die aktive Gefahrenabwehr wie Brandbekämpfung, größere Hilfeleistungen, Umweltschutz oder Brandsicherheitsdienst bei Veranstaltungen werden von den hauptberuflichen und nebenberuflichen Mitarbeitern durchgeführt.

Die Ausbildung der Mitarbeiter der Claas-Werkfeuerwehr wird im Werk durchgeführt. Dazu gehören eigene Truppmann-Lehrgänge, mehrtägige Seminare zum Thema Atemschutz oder Brandbekämpfung mit Schaum sowie die zweistündigen Ausbildungsdienste, die 14-tägig während der Arbeitszeit durchgeführt werden. Die weiterführende Ausbildung erfolgt auf Kreisebene oder an Landesfeuerwehrschulen. Wegen der Größe des Werkgeländes (ca. 400 000 m^2) verfügen alle Mitarbeiter der Claas-Werkfeuerwehr auf dem Werkgelände über ein spezielles Werksfahrrad.

Für die Aufgabenerfüllung der Claas-Werkfeuerwehr stehen derzeit die abgebildeten Einsatzfahrzeuge zur Verfügung.

Staffellöschfahrzeug (StLF) 10/6, Fahrgestell MAN TGL 8.180, Aufbau: Schlingmann, zulässige Gesamtmasse 8800 kg, Baujahr 2008, Besatzung vier Einsatzkräfte, mit umfangreicher Ausrüstung für Rettung, Brandbekämpfung und Hilfeleistung, mit einem Löschwasserbehälter mit 1000 Litern Wasser, dient als Einsatzfahrzeug für die hauptberuflichen Mitarbeiter der Werkfeuerwehr, für schnelle Rettungs-, Brandbekämpfungs- und Hilfeleistungsmaßnahmen, aufgrund der äußeren Abmessungen „gebäudetauglich", das heißt, das Fahrzeug wird auch innerhalb der weitläufigen Werkhallen eingesetzt

Tanklöschfahrzeug (TLF) 16/25, Fahrgestell MAN LE 14.224, Aufbau: Ziegler, zulässige Gesamtmasse 13 500 kg, Baujahr 2000, Besatzung neun Einsatzkräfte, mit Ausrüstung für die Brandbekämpfung, ohne Ausrüstung für Hilfeleistungen, mit einem Behälter mit 1000 Liter Schaummittel AFFF, dient als Einsatzfahrzeug für die nebenberuflichen Mitarbeiter der Werkfeuerwehr

Gerätewagen (GW), Fahrgestell: Ford Transit FT 330 K, Aufbau: Brandschutztechnik Müller, Zierenberg, zul. Gesamtmasse 3300 kg, Baujahr 2007, Besatzung zwei Einsatzkräfte, dient als Einsatzfahrzeug für Hilfeleistungs-, Umwelt- und Öleinsätze, Zugfahrzeug für den Feuerwehranhänger und sonstige Transportaufgaben. Das „Arbeitstier" der hauptberuflichen Mitarbeiter der Werkfeuerwehr

Feuerwehranhänger (FwA), Fabrikat: WM-Meyer, Werneck, zul. Gesamtmasse 2000 kg, Baujahr 2004, für den Transport von bis zu vier speziellen Rollcontainern (zum Beispiel für Bindemittel, Hochwasserpumpen, Leichtschaumgenerator, Feuerlöscher-Übungsgerät und so weiter)

Schaum-Wasserwerfer (SWW) 1600, Fabrikat: Alco, Frankfurt, zul. Gesamtmasse 750 kg, Baujahr 2005, mit zwei abnehmbaren Schaummittelbehältern à 100 Liter AFFF-Schaummittel, für die umfassende Brandbekämpfung zum Beispiel im Bereich von Lagern und Werkhallen

Weitere Bücher unseres Verlages

Fordern Sie unser Gesamtverzeichnis an mit Büchern über **Autos**, **Motorräder**, **Lastwagen**, **Traktoren**, **Feuerwehrfahrzeuge**, **Baumaschinen** und **Lokomotiven**:

Verlag Podszun Motorbücher GmbH
Elisabethstraße 23-25, 59929 Brilon
Telefon 02961-53213, Fax 02961-9639900
Email info@podszun-verlag.de
www.podszun-verlag.de

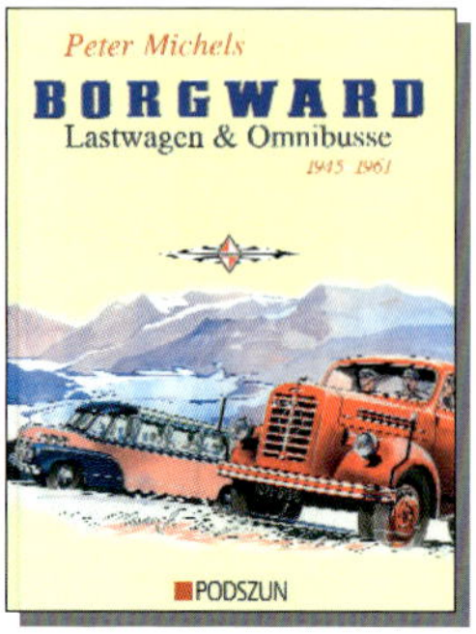

Umfassende Darstellung aller Lkw- und Omnibus-Typen mit vielen besonderen Aufbauten.

224 Seiten, 570 Abbildungen
28 x 21 cm, fester Einband
Bestellnummer **456** EUR **39,90**

Umfassende Darstellung der schweren Abschleppwagen in Deutschland.

288 Seiten, 580 Abbildungen
28 x 22 cm, fester Einband
Bestellnummer **537** EUR **39,90**

Erste umfassende Chronik der Rüstwagen und Gerätewagen bei deutschen Feuerwehren.

144 Seiten, 320 Abbildungen
28 x 21 cm, fester Einband
Bestellnummer **533** EUR **24,90**

45 Jahre deutsche Feuerwehrgeschichte als Bildband aber auch als Nachschlagewerk.

144 Seiten, 410 Abbildungen
28 x 21 cm, fester Einband
Bestellnummer **360** EUR **19,90**

Streifzug durch die 140-jährige Geschichte von Magirus. Mit vielen seltenen Dokumenten.

208 Seiten, 410 Abbildungen
28 x 21 cm, fester Einband
Bestellnummer **241** EUR **34,90**

Die Geschichte von Gerken mit spannender Technik und Entwicklung seit den 50er Jahren.

128 Seiten, 280 Abbildungen
28 x 21 cm, fester Einband
Bestellnummer **536** EUR **19,90**

Die Fotografien aus Wolfgang Weinbachs Sammlung zeigen 100 Jahre Gottwald-Geschichte.

160 Seiten, 580 Abbildungen
28 x 21 cm, fester Einband
Bestellnummer **474** EUR **29,90**

Akribisch recherchierte Chronik der Pkw, Lkw und Omnibusse mit zeitgenössischen Bildern.

128 Seiten, 360 Abbildungen
28 x 21 cm, fester Einband
Bestellnummer **514** EUR **19,90**

Rund 150 Fahrzeuge werden ausführlich dargestellt mit Maßstabszeichnungen und techn. Daten.

342 Seiten, 805 Abbildungen
28 x 21 cm, fester Einband
Bestellnummer **216** EUR **44,90**

Komplette Geschichte des großen deutschen Feuerwehrherstellers mit allen techn. Daten.

192 Seiten, 525 Abbildungen
28 x 21 cm, fester Einband
Bestellnummer **378** EUR **29,90**

FEUERWEHR 112